前　言

目前，全国各高等职业院校机械类专业课程体系中，都安排有数控加工实训教学环节。市场现有数控实训指导教材大多仅限于对编程的指导，而对刀具、工艺参数的选择、量具、夹具的使用等这些重要知识却介绍不多，十分缺乏基于工作过程的教材。本指导书采用任务驱动模式，以具体工程实例为主线，穿插介绍刀具、量具、加工工艺、夹具、编程和机床操作知识，符合教育部教高［2006］16号文关于高等职业教育改革方向，符合高职学生认知特点。本教材既可作为实训专用指导书，也可供采用理论-实践一体化教学模式的学校作为教学用书。

本教材数控程序部分以华中数控系统为主，兼顾了市场主流数控系统（如 FUNAC-OI、SIEMENS 等）。

参加本指导书研制的人员有：胡翔云、肖仁、范锦峰、程洪涛、史红杰、冯邦军、吴国利、陈昌盛。全书由胡翔云进行修改和统稿。

本教材研制过程中参考了大量文献资料，借鉴了兄弟职业院校的成熟经验，在此一并表示感谢。

由于编者水平有限、时间仓促，不足之处，在所难免，敬请批评指正。

高职高专"十一五"规划教材
《数控加工实训指导书》研制组
2009年1月

目 录

第一篇　数控加工常识

实训任务一　上岗前安全教育 ··· 3
　一、进厂须知 ·· 3
　二、机床的安全操作 ·· 3
　三、砂轮机的安全操作 ·· 4
　四、数控机床维护保养的基本要求 ·· 4

实训任务二　常用测量仪器及其使用 ··· 6
　一、游标卡尺 ·· 6
　二、外径千分尺 ·· 8
　三、内径千分尺 ·· 11
　四、深度千分尺 ·· 12
　五、百分表 ·· 12
　六、2′万能角度尺 ·· 14
　七、量块 ·· 14
　八、三坐标测量机 ·· 16

实训任务三　数控机床刀具系统 ··· 19
　一、数控机床的刀具系统 ·· 19
　二、可转位刀片的代码 ·· 28
　三、数控机床选择刀具要点及注意事项 ···································· 29

第二篇　数控车床实训项目

实训任务一　外圆、端面加工 ··· 37
　一、实训知识准备 ·· 37
　二、加工任务 ·· 41
　三、强化训练 ·· 44

实训任务二　螺纹加工 ··· 46
　一、实训知识准备 ·· 46
　二、加工任务 ·· 48
　三、强化训练 ·· 52

实训任务三　圆弧面、圆球面加工 ··· 54
　一、实训知识准备 ·· 54

二、加工任务 …………………………………………………………………… 56
　　三、强化训练 …………………………………………………………………… 59
实训任务四　数控车床车孔 …………………………………………………… 61
　　一、实训知识准备 ……………………………………………………………… 61
　　二、加工任务 …………………………………………………………………… 61
　　三、强化训练 …………………………………………………………………… 64
实训任务五　数控车床加工较复杂工件 ……………………………………… 66
　　一、实训知识准备 ……………………………………………………………… 66
　　二、加工任务 …………………………………………………………………… 66
　　三、强化训练 …………………………………………………………………… 70

第三篇　数控铣床、加工中心实训项目

实训任务一　平面轮廓加工训练 ……………………………………………… 75
　　一、实训知识准备 ……………………………………………………………… 75
　　二、实训内容（平面轮廓零件的加工） ……………………………………… 88
　　三、强化训练 …………………………………………………………………… 91
实训任务二　曲面加工训练 …………………………………………………… 93
　　一、实训知识准备（铣削曲面类零件的加工路线） ………………………… 93
　　二、实训内容（曲面轮廓零件加工） ………………………………………… 95
　　三、强化训练 …………………………………………………………………… 98
实训任务三　孔系加工训练 …………………………………………………… 100
　　一、实训知识准备 ……………………………………………………………… 100
　　二、实训内容（孔系零件的加工） …………………………………………… 102
　　三、强化训练 …………………………………………………………………… 107
实训任务四　综合加工训练 …………………………………………………… 109
　　一、加工任务 …………………………………………………………………… 109
　　二、强化训练 …………………………………………………………………… 115

第四篇　宏程序编程实训项目

实训任务一　数控车床宏变量应用训练 ……………………………………… 121
　　一、实训知识准备 ……………………………………………………………… 121
　　二、加工任务 …………………………………………………………………… 124
　　三、强化训练 …………………………………………………………………… 129
实训任务二　数控铣床宏程序应用训练 ……………………………………… 131
　　一、实训知识准备 ……………………………………………………………… 131
　　二、加工任务 …………………………………………………………………… 132
　　三、强化训练 …………………………………………………………………… 135

第一篇

数控加工常识

实训任务一　上岗前安全教育

【学习背景】在企业新员工上岗前，必须对其进行安全教育，提高其安全意识，消除"人的不安全行为"和"物的不安全状态"，达到"不伤害自己"、"不被他人所伤"。机床是机械生产企业赖以生产的物质基础，学习数控机床的安全操作规程和维护保养知识，对发挥数控机床的高精度、高效率，提高劳动生产率有重要作用。

【实训目标】掌握数控机床、砂轮机安全操作规程，数控机床日常维护保养基本知识，为实训打好基础。

一、进厂须知

（1）根据计划安排进厂实训，无关人员特别是未成年人不得进入车间。

（2）进厂前应确认身体状况良好，能持续站立工作 8 小时。

（3）未经允许不得开关车间电源。

（4）操作机床前要穿紧身防护服，袖口扣紧，上衣下摆不能敞开，严禁戴手套，不得在开动的机床旁穿、脱衣服，或穿围裙、围巾，防止被机器绞伤。女性操作者必须戴好安全帽，辫子应放入帽内，不得穿裙子、拖鞋。

二、机床的安全操作

（1）开机前认真检查电网电压是否稳定、油泵工作是否正常、润滑油量是否合适，检查油管、刀具、工装夹具是否完好，并做好机床的定期保养工作。

（2）开机后，应检查显示系统、机床润滑系统是否正常；开机预热机床 10～20 分钟后，进行零点确认操作。

（3）操作机床面板时，只允许单人操作，不允许两人同时操作。当有人操作机床时，其他人不得触摸按键，更不得触摸主轴、卡盘等部位，以免造成人身伤害。

（4）工件装夹时要夹牢，以免工件飞出造成事故。完成装夹后，要注意将卡盘扳手及其他调整工具取出，放入工具盒内，以免主轴旋转后甩出造成事故。

（5）严禁用手触摸机床的旋转部分。

（6）严禁隔着运转的机床传送物件。装卸工件、安装刀具、加油以及清扫切屑等工作，均应停车进行。

（7）清除铁屑应用刷子或钩子，禁止用手清理。

（8）在自动加工过程中，禁止打开机床防护门。

（9）发生紧急情况时，必须立即按急停开关，并等指导教师或技术人员处理。

（10）工作结束后切断机床电源或总电源，先按下急停开关，再关闭系统电源，最后关闭机床总电源。

(11) 将刀具和工件从工作部位退出，放好所使用的工、夹、量具。

(12) 清除铁屑，擦净机床。

三、砂轮机的安全操作

(1) 使用砂轮机前，应确认砂轮机的底座安装牢固，运转平稳，无震动现象。砂轮紧固螺纹必须与砂轮工作旋转方向相反，螺帽要有锁紧装置，最好使用细牙螺纹。砂轮两侧要用铁夹板夹上（铁夹板不小于砂轮直径的1/2），铁夹板与砂轮间应衬有软性衬垫，轴与砂轮间应加软厚纸或绝缘皮使压力均匀。

(2) 使用前，还必须检查砂轮是否有缺损、裂缝，防护装置和吸尘装置是否牢固。开机时，人必须站在砂轮侧面，让砂轮先空转数分钟，确认情况正常后，才能开始工作。

(3) 换砂轮时应有专人负责，不可用手锤敲击。拧紧砂轮夹紧螺丝时，要用力均匀。调换后应先试车，运转正常后才能工作。

(4) 砂轮使用的最高转速不得超过规定的安全速度。

(5) 使用时，要握牢工件，其压力应均匀一致，严禁用力撞击。不可将笨重物件靠近砂轮磨削，防止砂轮因受压爆裂。磨细小工件时应用钳子夹紧磨削，以免伤手。一个砂轮不得两人同时使用。

(6) 不准在普通砂轮上磨硬质合金物，禁止磨削铜、铅、木及塑料等韧性物品。

(7) 不准在砂轮机旁堆放物件，使用完毕应随时切断电源，并做好清洁工作。

(8) 磨刀具刃具时，应根据刀具刃具材质的不同选用相应材质的砂轮。

四、数控机床维护保养的基本要求

为了使数控机床少出故障，延长系统的平均无故障时间，加强日常维护保养十分重要。日常维护保养的内容一般在机床说明书中有具体的规定，主要内容有：

(1) 严格遵守操作规程和日常维护制度，数控机床的操作、编程、维护人员必须经过专门培训，对机床说明书有清楚的理解，熟悉所用机床及其数控系统的使用环境、条件。

(2) 在操作前认真检查主轴润滑油和导轨润滑油是否正常，若有不足，应按说明书中的要求加入规定牌号的润滑油。

(3) 对于加工中心，开机前应检查气压是否正常。若压力不足，应检查空气管路是否漏气，空压机是否存在故障。

(4) 定期检查、清扫空气过滤器、电气柜内电路板和元器件上的灰尘。空气过滤器灰尘积累过多，会使柜内冷却空气流通不畅，引起柜内温度过高而使数控系统不稳定（一般温度为55~60℃），甚至发生过热报警。每天检查数控装置上各个冷却风扇的工作是否正常，视工作环境状况，每半年或每季度检查一次过滤通风道是否有堵塞。

(5) 定期检查电气部件，检查各插头、插座、电缆、继电器的触点接触是否良好，检查各印刷电路板是否干净。检查主电源变压器、各电动机的绝缘电阻是否在1MΩ以上，平时少开电控柜，保持电控柜内清洁。

(6) 经常监视数控系统的电网电压。数控系统允许的电网电压范围在额定值的85%~110%，如果超出此范围，轻则导致数控系统不能稳定工作，重则会造成重要的电气元件损坏，因此要经常注意电网电压的波动。对于电网电压波动大的地区，应及时配备交流稳压装置。

（7）定期更换备用电池。数控系统部分 CMOS 存储器中的存储内容在关机时靠电池供电保持。当电池电压降到一定值时会造成参数丢失，因此要定期检查电池电压。更换电池时一定要在数控系统通电状态下进行，这样才不会造成存储参数丢失，并做好数控备份。

（8）印刷电路板长期不用容易出现故障，因此对停用机床最好每天通电 15~20 分钟；对长时间存放的备用电路板，应定期装到数控系统中通电运行一段时间，以防止损坏。

（9）定期进行机床水平和机械精度检查并校正。机械精度的校正方法有软硬两种。软方法主要是通过系统参数进行补偿，如丝杠反向间隙补偿、各坐标轴定位精度定点补偿、机床回参考点位置校正等；硬方法一般要在机床进行大修时进行，如进行导轨修刮（普通导轨）、滚珠丝杠螺母预紧调整反向间隙等，并适时对各坐标轴进行超程限位检验。

实训任务二 常用测量仪器及其使用

【学习背景】机床操作工、数控机床操作工、钳工等经常用到游标卡尺、千分尺、百分表、量块等常用测量工具。形状复杂的空间曲面的测量则可用三坐标测量机进行测量。

【实训目标】

(1) 掌握常用量具的使用方法；

(2) 了解三坐标测量机的结构、原理和使用方法。

一、游标卡尺

1. 游标卡尺的结构及原理

游标卡尺是常用的测量长度的仪器，它由尺身及能在尺身上滑动的游标组成，如图 1-1 所示。游标与尺身之间有一弹簧片（图中未画出），利用弹簧片的弹力使游标与尺身靠紧。游标上部有一紧固螺钉，可将游标固定在尺身上的任意位置。尺身和游标都有测量爪，利用内测量爪可以测量槽的宽度和管的内径，利用外测量爪可以测量零件的厚度和管的外径。深度尺与游标尺连在一起，可以测槽和筒的深度。

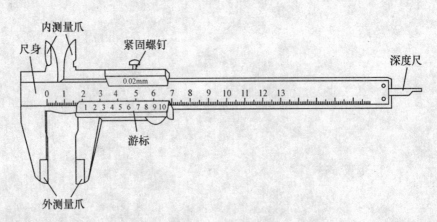

图 1-1 游标卡尺

尺身和游标尺上面都有刻度。以准确到 0.1mm 的游标卡尺为例，尺身上的最小分度是 1mm，游标尺上有 10 个小的等分刻度，总长 9mm，每一分度为 0.9mm，与主尺上的最小分度相差 0.1mm。量爪并拢时尺身和游标的零刻度线对齐，它们的第一条刻度线相差 0.1mm，第二条刻度线相差 0.2mm……第 10 条刻度线相差 1mm，即游标的第 10 条刻度线恰好与主尺的 9mm 刻度线对齐，如图 1-2 所示。

当量爪间所量物体的长度为 0.1mm 时，游标尺向右应移动 0.1mm。这时它的第一条

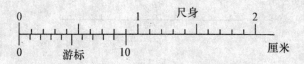

图 1-2 游标卡尺原理图

刻度线恰好与尺身的 1mm 刻度线对齐。同样当游标的第 5 条刻度线跟尺身的 5mm 刻度线对齐时,说明两量爪之间有 0.5mm 的宽度……依此类推。

在测量大于 1mm 的长度时,整的 mm 数要从游标"0"线与尺身相对的刻度线读出。

2. 游标卡尺的使用

用软布将量爪擦干净,使其并拢,查看游标和主尺身的零刻度线是否对齐。如果对齐就可以进行测量;如没有对齐则要记取零误差:游标的零刻度线在尺身零刻度线右侧的叫正零误差,在尺身零刻度线左侧的叫负零误差。

测量时,右手拿住尺身,大拇指移动游标,左手拿待测外径(或内径)的物体,使待测物位于外测量爪之间(或内测量爪外面),当与量爪紧紧相贴时,即可读数,如图 1-3 所示。

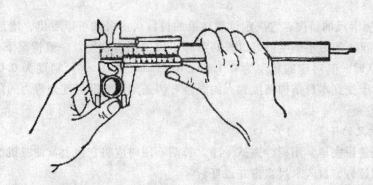

图 1-3 用游标卡尺测物体外径

3. 游标卡尺的读数

读数时首先以游标零刻度线为准在尺身上读取 mm 整数,即以 mm 为单位的整数部分。然后看游标上第几条刻度线与尺身的刻度线对齐,如第 6 条刻度线与尺身刻度线对齐,则小数部分即为 0.6mm(若没有正好对齐的线,则取最接近对齐的线作为读数)。如有零误差,则一律用上述结果减去零误差(零误差为负,相当于加上相同大小的零误差),读数结果为:

L = 整数部分 + 小数部分 - 零误差

判断游标上哪条刻度线与尺身刻度线对准,可用下述方法:选定相邻的三条线,如左侧的线在尺身对应线之右,右侧的线在尺身对应线之左,中间那条线便可以认为是对准了,如图 1-4 所示。

如果需测量几次取平均值,不需每次都减去零误差,只要把最后结果减去零误差即可。

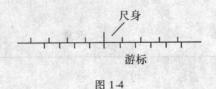

图 1-4

4. 游标卡尺的精度

实际工作中常用精度为 0.05mm 和 0.02mm 的游标卡尺。它们的工作原理和使用方法与本书介绍的精度为 0.1mm 的游标卡尺相同。精度为 0.05mm 的游标卡尺的游标上有 20 个等分刻度,总长为 19mm。测量时如游标上第 11 根刻度线与主尺对齐,则小数部分的读数为 11/20mm = 0.55mm,如第 12 根刻度线与主尺对齐,则小数部分读数为 12/20mm = 0.60mm。

一般来说,游标上有 n 个等分刻度,它们的总长度与尺身上 $(n-1)$ 个等分刻度的总长度相等,若游标上最小刻度长为 x,主尺上最小刻度长为 y

则
$$nx = (n-1)y,$$
$$x = y - (y/n)$$

主尺和游标的最小刻度之差为

$$\Delta x = y - x = y/n$$

y/n 叫游标卡尺的精度,它决定读数结果的位数。由公式可以看出,增加游标上的刻度数或减小主尺上的最小刻度值可以提高游标卡尺的测量精度。一般情况下 y 为 1mm,n 取 10、20、50 时,其对应的精度为 0.1mm、0.05mm、0.02mm。精度为 0.02mm 的机械式游标卡尺由于受到本身结构精度和人的眼睛对两条刻线对准程度分辨力的限制,其精度不能再提高。

5. 游标卡尺的保管

游标卡尺使用完毕,用棉纱擦拭干净。长期不用时应将它擦上黄油或机油,两量爪合拢并拧紧紧固螺钉,放入卡尺盒内并盖好。

6. 注意事项

(1) 游标卡尺是比较精密的测量工具,要轻拿轻放,不得碰撞。使用时不要用来测量粗糙的物体,以免损坏量爪,不用时应置于干燥地方防止锈蚀。

(2) 测量时,应先拧松紧固螺钉,移动游标不能用力过猛。两量爪与待测物的接触不宜过紧。不能使被夹紧的物体在量爪内挪动。

(3) 读数时,视线应与尺面垂直。如需固定读数,可用紧固螺钉将游标固定在尺身上,防止滑动。

(4) 实际测量时,对同一长度应多测几次,取其平均值来消除偶然误差。

二、外径千分尺

1. 外径千分尺的结构和用法

(1) 外径千分尺的结构。

外径千分尺常简称为千分尺,它是比游标卡尺更精密的长度测量仪器,常见的有机械式和数显式两种,如图 1-5 所示,它的量程是 0~25mm,分度值是 0.01mm。外径千分尺的结构由固定的尺架、测砧、测微螺杆、固定套管、微分筒、测力装置、锁紧装置等组成如，图1-6所示。固定套管上有一条水平线，这条线上、下各有一列间距为1mm的刻度线，上面的刻度线恰好在下面两相邻刻度线中间。微分筒上的刻度线是将圆周分为50等分的水平线。

(a) 机械式外径千分尺　　　　　　(b) 数显式外径千分尺

图1-5　外径千分尺

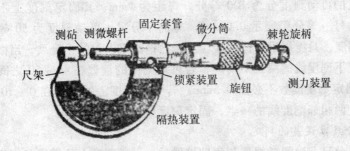

图1-6　外径千分尺的结构

根据螺旋运动原理，当微分筒（又称可动刻度筒）旋转一周时，测微螺杆前进或后退一个螺距（0.5mm）。这样，当微分筒旋转一个分度后，它转过了1/50周，这时螺杆沿轴线移动了$1/50 \times 0.5mm = 0.01mm$，因此，使用千分尺可以准确读出0.01mm的数值。

（2）外径千分尺的用法。

①外径千分尺的零位校准。使用千分尺时先要检查其零位是否校准。先松开锁紧装置，清除油污，特别是测砧与测微螺杆间接触面要清洗干净。检查微分筒的端面与固定套管上的零刻度线是否重合，若不重合应先旋转旋钮，直至螺杆要接近测砧时，旋转测力装置，当螺杆刚好与测砧接触时会听到"喀喀"声，这时停止转动。如两零线仍不重合（两零线重合的标志是：微分筒的端面与固定刻度的零线重合，且可动刻度的零线与固定刻度的水平横线重合），可将固定套管上的小螺丝松动，用专用扳手调节套管的位置，使两零线对齐，再把小螺丝拧紧。不同厂家生产的千分尺的调零方法不一样，这里介绍的仅是其中一种调零的方法。

检查千分尺零位是否校准时，要使螺杆和测砧接触，偶尔会发生向后旋转测力装置两者不分离的情形。这时可用左手手心用力顶住尺架上测砧的左侧，右手手心顶住测力装置，再用手指沿逆时针方向旋转旋钮，可以使螺杆和测砧分开。

②外径千分尺的读数。读数时，先以微分筒的端面为准线，读出固定套管下刻度线的

分度值（只读出以 mm 为单位的整数），再以固定套管上的水平横线作为读数准线，读出可动刻度上的分度值，读数时应估读到最小刻度的十分之一，即 0.001mm。如果微分筒的端面与固定刻度的下刻度线之间无上刻度线，测量结果即为下刻度线的数值加可动刻度的值；如微分筒端面与下刻度线之间有一条上刻度线，测量结果应为下刻度线的数值加上 0.5mm，再加上可动刻度的值，如图 1-7（a）读数为 8.384mm，图 1-7（b）读数为 7.923mm。

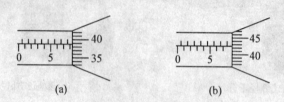

图 1-7　外径千分尺的读数

有的千分尺的可动刻度分为 100 等分，螺距为 1mm，其固定刻度上不需要半 mm 刻度，可动刻度的每一等分仍表示 0.01mm。有的千分尺，可动刻度为 50 等分，而固定刻度上无半 mm 刻度，只能用眼进行估计。对于已消除零误差的千分尺，当微分筒的前端面恰好在固定刻度下刻度线的两线中间时，若可动刻度的读数在 40～50 之间，则其前沿未超过 0.5mm，固定刻度读数不必加 0.5mm；若可动刻度上的读数在 0～10 之间，则其前端已超过下刻度两相邻刻度线的一半，固定刻度数应加上 0.5mm。

2. 外径千分尺零误差的判定

校准好的千分尺，当测微螺杆与测砧接触后，可动刻度上的零线与固定刻度上的水平横线应该是对齐的，如图 1-8（a）所示。如果没有对齐，测量时就会产生系统误差——零误差。如无法消除零误差，则应考虑它们对读数的影响。若可动刻度的零线在水平横线上方，且第 x 条刻度线与横线对齐，即说明测量时的读数要比真实值小 $x/100$mm，这种零误差叫做负零误差，如图 1-8（b）所示，它的零误差为 -0.03mm；若可动刻度的零线在水平横线的下方，且第 y 条刻度线与横线对齐，则说明测量时的读数要比真实值大 $y/100$mm，这种零误差叫正零误差，如图 1-8（c）所示，它的零误差为 +0.05mm。

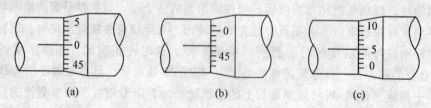

图 1-8　外径千分尺的零误差

对于存在零误差的千分尺，测量结果应等于读数减去零误差，即物体长度 = 固定刻度读数 + 可动刻度读数 - 零误差。

3. 使用外径千分尺的注意事项

（1）千分尺是一种精密的量具，使用时应小心谨慎，动作轻缓，不要让它受到打击和碰撞。千分尺内的螺纹非常精密，使用时要注意：①旋钮和测力装置在转动时都不能过分用力；②当转动旋钮使测微螺杆靠近待测物时，一定要改旋测力装置，不能转动旋钮使螺杆压在待测物上；③当测微螺杆与测砧已将待测物卡住或旋紧锁紧装置的情况下，决不能强行转动旋钮。

（2）有些千分尺为了防止手温使尺架膨胀引起微小的误差，在尺架上装有隔热装置。测量时应手握隔热装置，而尽量少接触尺架的金属部分。

（3）使用千分尺测同一长度时，一般应反复测量几次，取其平均值作为测量结果。

（4）千分尺用毕，应用纱布擦干净，在测砧与螺杆之间留出一点空隙，放入盒中。如长期不用可抹上黄油或机油，放置在干燥的地方。注意不要让它接触腐蚀性的气体。

三、内径千分尺

1. 内径千分尺的结构

内径千分尺由测微头和各种尺寸的接长杆组成，如图1-9所示。

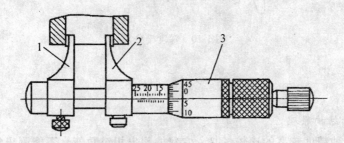

1-固定量爪　2-活动量爪　3-测量头
图1-9　内径千分尺及其使用

2. 内径千分尺的使用方法

（1）校对零位。在使用内径千分尺前，也要像使用外径千分尺那样进行各方面的检查，在检查零位时，要把测微头放在校对卡板的两个测量面之间，若与校对卡板的尺寸相符，说明零位准确。

（2）测量孔径。先把千分尺调到比被测孔径略小一点，然后把它放进孔内，左手拿住固定套管或接长杆套管，把固定测头轻轻压在被测孔壁上不动，然后用右手慢慢转动微分筒，同时还要让活动测头沿着被测件的孔壁，在轴向和圆周方向上细心地摆动，直到找出最大值为止。

（3）测量两平行平面间距离。测量方法与测量孔径时大致相同，一边转动微分筒，一边使活动测头在被测面的上、下、左、右摆动，找出最小值，才是被测平面间的最短距离。

3. 使用内径千分尺的注意事项

接长杆的数量越少越好，这样可以减少累积误差。

不允许把内径千分尺用力压进被测件内，以避免被过早磨损，避免接长杆弯曲变形。

四、深度千分尺

深度千分尺的结构与外径千分尺相似（如图1-10所示），只是用底板代替尺架和测砧。深度千分尺的测微螺杆移动量是25mm，使用可换式测量杆，测量范围为25~50mm、50~75mm、75~100mm。

测量时，测量杆应与被测面保持垂直。测量孔深时，由于看不清里面，所以用尺要格外小心。

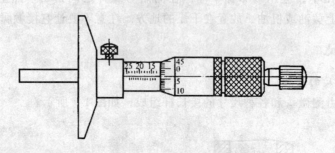

图1-10 深度千分尺

五、百分表

1. 百分表的结构原理

百分表是一种精度较高的比较量具，它只能测出相对数值，不能测出绝对数值，主要用于测量形状和位置误差，也可用于机床上安装工件时的精密找正。百分表的读数准确度为0.01mm。其结构原理如图1-11所示。当测量杆1向上或向下移动1mm时，通过齿轮传动系统带动大指针5转一圈，小指针7转一格。刻度盘在圆周上有100个等分格，每格的读数值为0.01mm。小指针每格读数为1mm。测量时指针读数的变动量即为尺寸变化量。刻度盘可以转动，以便测量时大指针对准零刻线。

百分表的读数方法为：先读小指针转过的刻度线（即mm整数），再读大指针转过的刻度线（即小数部分），并乘以0.01，然后两者相加，即得到所测量的数值。

2. 百分表的使用

百分表常装在表架上使用，如图1-12所示。

百分表也可用来精确测量零件圆度、圆跳动、平面度、平行度和直线度等形位误差，也可用来找正工件，如图1-13所示。

3. 使用百分表的注意事项

（1）使用前，应检查测量杆活动的灵活性。即轻轻推动测量杆时，测量杆在套筒内的移动要灵活，手松开后，指针能回到原来的刻度位置。

（2）使用时，必须把百分表固定在可靠的夹持架上。不可夹在不稳固的地方，否则容易造成测量结果不准确，或摔坏百分表。

（3）测量时，不要使测量杆的行程超过它的测量范围，不要使表头突然撞到工件上，也不要用百分表测量表面粗糙的工件。

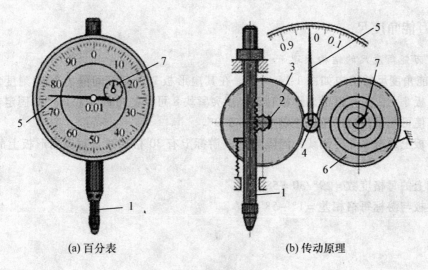

图 1-11 百分表及传动原理

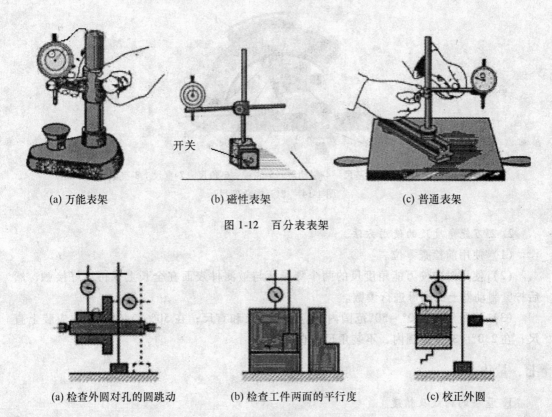

图 1-12 百分表表架

图 1-13 百分表应用举例

（4）测量平面时，百分表的测量杆要与平面垂直，测量圆柱形工件时，测量杆要与工件的中心线垂直，否则，将使测量杆活动不灵或测量结果不准确。

（5）为方便读数，在测量前一般都让大指针指到刻度盘的零位。

（6）百分表不用时，应使测量杆处于自由状态，以免使表内弹簧失效。

六、2′万能角度尺

1. 2′万能角度尺的结构原理

2′万能角度尺的结构如图1-14所示。在其扇形板2上刻有间隔为1°的刻度,游标1固定在底板5上,它可以沿扇形板转动。用夹紧块8可以把角尺6和直尺7固定在底板5上,从而使可测量角度的范围控制在0°~320°。

扇形板上刻有120格刻线,间隔为1°。游标上有30格刻线,对应扇形板上的度数为29°,则:

游标上的每格度数 = 29°/30 = 58′

扇形板与游标每格相差 = 1° - 58′ = 2′

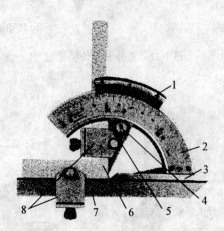

1-游标　2-扇形板　3-基尺　4-制动器　5-底板　6-角尺　7-直尺　8-夹紧块

图1-14　2′万能角度尺

2. 2′万能角度尺的使用方法

(1) 使用前检查零位。

(2) 使用时应使万能角度尺的两个测量面与被测件表面在全长上保持良好接触,然后拧紧制动器上的螺母进行读数。

(3) 测量角度在0°~50°范围内,应装上角尺和直尺;在50°~140°范围内应装上直尺;在230°~320°范围内,不装角尺和直尺。

七、量块

1. 量块的构成及精度

量块用铬锰钢等特殊合金钢或线膨胀系数小、性质稳定、耐磨以及不易变形的其他材料制成。其形状有长方体和圆柱体两种,常用的是长方体。长方体的量块有两个平行的测量面,其他面为非测量面。测量面极为光滑、平整,其表面粗糙度Ra值在0.012μm以下,两测量面之间的距离即为量块的工作长度(标称长度)。标称长度小于或等于5.5mm的量块,其公称值刻印在上测量面上;标称长度大于5.5mm的量块,其公称长度值刻印在上测量面左侧较宽的一个非测量面上。

根据标准GB6093-85规定，量块按制造精度的高低分为00、0、1、2、3和K共6级，标准JJG100-91将量块分为1~6等。量块的"级"和"等"是从成批制造和单个检定两种不同的角度出发，对其精度进行划分的两种形式。按"级"使用时，以标记在量块上的标称尺寸作为工作尺寸，该尺寸包含其制造误差。按"等"使用时，必须以检定后的实际尺寸作为工作尺寸，该尺寸不包含制造误差，但包含了检定时的测量误差。就同一量块而言，检定时的测量误差要比制造误差小得多。所以，量块按"等"使用时其精度比按"级"使用时要高，能在保持量块原有使用精度的基础上延长其使用寿命。

2. 量块的用途

量块因具有结构简单、尺寸稳定、使用方便等特点，在实际检测工作中得到了非常广泛的应用。

（1）作为长度尺寸标准的实物载体，将国家的长度基准按照一定的规范逐级传递到机械产品制造环节，实现量值统一。

（2）作为标准长度标定量仪，检定量仪的示值误差。

（3）相对测量时以量块为标准，用测量器具比较量块与被测尺寸的差值。

（4）可直接用于精密测量、精密划线和精密机床的调整。

3. 量块的使用方法

根据使用需要，可以把不同长度尺寸的量块研合起来组成量块组。这个量块组的总长度尺寸就等于各组成量块的长度尺寸之和。由此可见，组成量块组的量块用得越多，累积误差也会越大，所以在使用量块组时，应尽可能减少量块的组合块数，一般不超过4~5块。

组合量块组时，为了减少所用量块的数量，应遵循一定的原则来选择量块的长度尺寸。

根据需要的量块组尺寸，首先选择能够去除最小位数尺寸的量块，然后再选择能够依次去除位数较小尺寸的量块，并使选用的量块数目为最少。

例如，如需组合69.475mm的量块组，先选1.005mm一块，再选1.47mm一块和7mm一块，最后选60mm一块，一共四块研合而成。

4. 量块的研合

（1）平行研合法。沿着量块测量面的长边方向，先将边缘部分的测量面相接触，使其初步产生研合力，然后推动一个量块沿着另一个量块的测量面平行方向滑进，最后使两个测量面全部研合在一起。

（2）交叉研合法。先将两块量块的测量面交叉成十字形相互叠合，再把一块量块转90°，使两个测量面变成相互平行的方向，然后沿着测量面的长度方向后退，使测量面的边缘部分相接触。再按上述平行研合法的步骤，使两个测量面全部研合在一起。

5. 使用量块的注意事项

量块在使用过程中应注意以下几点：
①量块必须在使用有效期内，否则应及时送计量部门检定；
②使用环境良好，防止各种腐蚀性物质及灰尘对测量面的损伤，影响其粘合性；
③分清量块的"级"与"等"，注意使用规则；
④所选量块应用航空汽油清洗，用洁净软布擦干，待量块温度与环境湿度相同后方可

使用；

　　⑤轻拿、轻放量块，杜绝磕碰、跌落等情况的发生；

　　⑥不得用手直接接触量块，以免造成汗液对量块的腐蚀及手温对测量精度的影响；

　　⑦使用完毕，应用航空汽油清洗所用量块，擦干后涂上防锈脂存于干燥处。

八、三坐标测量机

1. 三坐标测量机的种类和特点

三座标测量机实际上可以看做是一台数控机床，只不过它是用来测量尺寸、公差、误差对比等，而不是用来加工的。

三座标测量机大致可以分为龙门式、悬臂式、桥式、L式、便携式。国际主流品牌有莱兹、蔡司、Brownsharpe、Faro、三丰、LK等。测量范围有大有小，小的只有不到1米的空间测量范围，大的可以直接测量整车外形。其精度受结构、材料、驱动系统、光栅尺等各个因素影响。光栅尺分辨率一般在0.0005mm，测量时精度又受当时的温度、湿度、震动等很多环境因素影响。

用三坐标测量机进行扫描测量，不仅能够测量工件，还可得到零件模型的数字模型。将模型放置在三坐标测量机中定位夹紧，然后进行测量，以形成模型的点云数据集，最后通过文件的通用格式（igs、step等）将由这些几何特征形成的点云数据集导入CAD/CAM软件中（如MasterCAM、Pro/E、UG等），利用这些点云来形成曲线、曲面或者实体。也可以进行模型的设计修改。接下来是利用设计数模进行刀具路径设置，形成数控机床可识别的G、M代码，并将其输入数控机床来加工产品。加工完成后再次利用三坐标测量机来测量加工出来的产品，并与原始设计数模比较得出加工误差，如果符合模型的要求，则批量生产。反之，再修改加工工艺或者进行返修加工。

桥式三坐标测量机如图1-15所示。

图1-15　桥式三坐标测量机

2. 三坐标测量机的原理

几何量测量是以点的坐标位置为基础的，分为一维、二维、三维测量。坐标测量机是一种几何量测量仪器，其基本原理是将被测零件放入其容许的测量空间，精密地测出被测零件在x、y、z三个坐标位置的数值，这些点的数值经过计算机数据处理，拟合形成测量元素，如圆、球、圆柱、圆锥、曲面等，经过数学计算得出形状、位置公差及其他几何量数据。

3. 三坐标测量机的结构

作为一种测量仪器，三坐标测量机主要是比较被测量与标准量，并将比较结果用数值表示出来。三坐标测量机需要三个方向的标准器（标尺），利用导轨实现沿相应方向的运动，还需要三维测头对被测对象进行探测和瞄准。此外，测量机还具有数据处理和自动检测等功能，需由相应的电气控制系统与计算机软硬件实现。

三坐标测量机由主机、测头、电气系统三大部分组成。如图 1-16 所示。

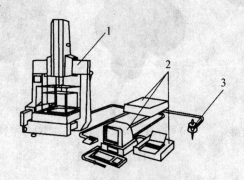

1-主机　2-电气系统　3-测头
图 1-16　三坐标测量机的组成

（1）主机。

主机部分又包括框架、标尺系统、导轨、驱动装置、平衡部件、转台与附件。

框架是测量机的主体机械结构，是工作台、立柱、桥架、壳体等机械结构的集合体。

标尺系统决定了测量仪器的精度。三坐标测量机所用的标尺有线纹尺、精密丝杠、感应同步器、光栅尺、磁尺及光波波长等。该系统通常包括数显电气装置。

导轨实现测量机的三维运动。测量机多采用滑动导轨、滚动轴承导轨和气浮导轨，其中又以气浮导轨为主要形式。气浮导轨由导轨体和气垫组成。有的导轨体和工作台合二为一。此外还包括气源、稳压器、过滤器、气管、分流器等气动装置。

驱动装置通常有丝杠螺母、滚动轮、钢丝、齿形带、齿轮齿条、光轴滚动轮等部件，并配以伺服电动机驱动。

平衡部件主要用于 z 轴框架结构中，用以平衡 z 轴的质量，确保 z 轴上下运动无偏重干扰，使检测时 z 向测力稳定。在更换 z 轴上所装的测头时，应重新调节平衡力的大小，以达到新的平衡。

转台是测量机的重要元件，可使测量机增加一个回转自由度，便于对零件的不同部位进行测量。转台分为分度台、单轴回转台、万能转台（二轴或三轴）和数控转台等。

用于坐标测量机的附件很多，一般有基准平尺、角尺、步距规、标准球体（或立方体）、测微仪及用于自检的精度检测样板等。

（2）测头。

测头系统是三坐标测量机的关键部件之一，用以提供待检测工件表面位置，包括测头和测杆。测头顶端的测球通常为红宝石，为确保测头能够达到最大的测量精度，要求测杆尽量短而且坚固，测球要尽量大，如图 1-17 所示。图 1-18 是三坐标测量机检测工件表面位置的示意图。

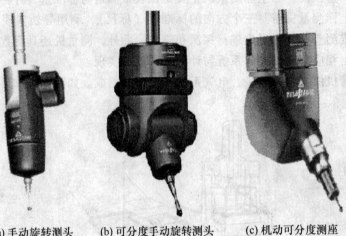

(a) 手动旋转测头　　(b) 可分度手动旋转测头　　(c) 机动可分度测座

图 1-17　测头系统

图 1-18　检测工件表面位置

（3）电气系统。

电气系统包括电器控制系统、计算机硬件、测量机软件、输出装置等。

4. 三坐标测量机的应用

使用三坐标测量机测量时，通常先将被测对象分解为基本几何元素，再分别进行测量。几何元素包括点、直线、平面、圆、球、圆柱、圆锥和椭圆。接着再评价零件的形状误差（平面度、直线度、圆度、轮廓度）、位置误差（平行度、垂直度、同心度、同轴度、跳动、倾斜度、对称度）以及零件的尺寸误差（位置、距离、夹角）。此外，三坐标测量机还能测量二维曲线、三维曲线、三维自由曲面等。

实训任务三　数控机床刀具系统

【学习背景】数控机床所用刀具要求刚性好、耐用度高、有良好的断屑性能、安装调整方便。数控加工用的刀具种类繁多，数控机床操作工、工艺技术人员必须掌握各种刀具的性能和适用范围，以便针对不同材料、不同精度要求选择合适的刀具。

【实训目标】
(1) 掌握刀具系统的基本知识；
(2) 掌握不同材料刀具的特点；
(3) 会根据具体零件需要选择刀具。

一、数控机床的刀具系统

数控机床（包括加工中心）刀具除数控磨床和数控电加工机床之外，其他的数控机床都必须采用数控刀具。其中齿轮加工刀具、花键及孔加工刀具、螺栓及螺孔专用加工刀具等都属于成形刀具，其专用程度较高，在此不做讨论。本单元主要介绍数控机床上所用刀具及其选用方法。

随着数控机床结构、功能的发展，现在数控机床的刀具已不是普通机床所采用的"一机一刀"的模式，而是多种不同类型的刀具同时在数控机床的刀盘（或主轴）上轮换使用，可以达到自动换刀的目的，因此对"刀具"的含义应理解为"数控工具系统"。图1-19和图1-20所示是两种典型的数控刀具系统。图1-19是一种链轮式自动换刀装置，图1-20是转盘式自动换刀装置。

从上面两种换刀装置可以看出，除机床的自动换刀系统的结构外，为了保证刀具的可互换性，刀柄和工具系统也非常重要。

1. 刀柄

刀柄是机床主轴和刀具之间的连接工具，是加工中心必备的辅具。它除了能够准确地安装各种刀具外，还应满足在机床主轴上的自动松开和拉紧定位、刀库中的存储和识别以及机械手的夹持和搬运等需要。刀柄的选用要和机床的主轴孔相对应，并且已经标准化和系列化。

加工中心一般采用7∶24圆锥刀柄，如图1-21所示。这类刀柄不能自锁，换刀比较方便，与直柄相比具有较高的定心精度和刚度。其锥柄部分和机械抓拿部分均有相应的国际标准和国家标准。GB10944《自动换刀机床用7∶24圆锥工具柄部40、45和50号圆锥柄》和GB10945《自动换刀机床用7∶24圆锥工具柄部40、45和50号圆锥柄用拉钉》对此做了规定。它们分别与国际标准ISO7388/1和ISO7388/2等效。选用时，具体尺寸可以查阅有关国家标准。

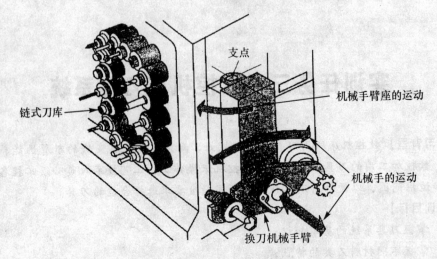

图 1-19 链轮式自动换刀装置

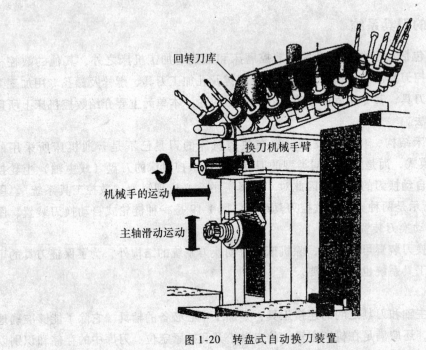

图 1-20 转盘式自动换刀装置

2. 工具系统

由于数控设备特别是加工中心加工内容的多样性，使其配备的刀具和装夹工具种类也很多，并且要求刀具更换迅速。因此，刀辅具的标准化和系列化十分重要。把通用性较强的刀具和配套装夹工具系列化、标准化，就成为通常所说的工具系统。采用工具系统进行加工，虽然工具成本高一些，但它能可靠地保证加工质量，最大限度地提高加工质量和生产率，使加工中心的效能得到充分发挥。

目前我国建立的工具系统是镗铣类工具系统，这种工具系统一般由与机床主轴连接的

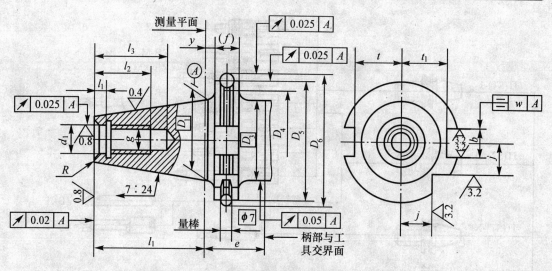

图 1-21 自动换刀机床用 7∶24 圆锥工具柄部简图

锥柄、延伸部分的连杆和工作部分的刀具组成。它们经组合后可以完成钻孔、扩孔、铰孔、镗孔、攻螺纹等加工工艺。镗铣类工具系统分为整体式结构和模块式结构两大类。

（1）整体式结构。

我国 TSG82 工具系统就属于整体式结构的工具系统。它的特点是将锥柄和接杆连成一体，不同品种和规格的工作部分都必须带有与机床相连的柄部。其优点是结构简单、使用方便、可靠、更换迅速等。缺点是锥柄的品种和数量较多。图 1-22 所示是 TSG82 工具系统，选用时一定要按图示进行配置。表 1-1 是 TSG82 工具系统的代码和意义。

表 1-1　　　　　　　　　　TSG82 工具系统的代码和意义

代码	代码的意义	代码	代码的意义	代码	代码的意义
J	装接长刀杆用锥柄	KJ	装扩、铰刀	TF	浮动镗刀
Q	弹簧夹头	BS	倍速夹头	TK	可调镗刀
KH	7∶24 锥柄快换夹头	H	倒锪端面刀	X	装铣削刀具
Z（J）	装钻夹头（莫氏锥度注 J）	T	镗孔刀具	XS	装三面刃铣刀
MW	装无扁尾莫氏锥柄刀具	TZ	直角镗刀	XM	装面铣刀
M	装有扁尾莫氏锥柄刀具	TQW	倾斜式微调镗刀	XDZ	装直角端铣刀
G	攻螺纹夹头	TQC	倾斜式粗镗刀	XD	装端铣刀
C	切内槽工具	TZC	直角形粗镗刀		
规格	用数字表示工具的规格，其含义随工具不同而异。有些工具该数字表示轮廓尺寸 D-L；有些工具该数字表示应用范围，还有表示其他参数值的，如锥度号等。				

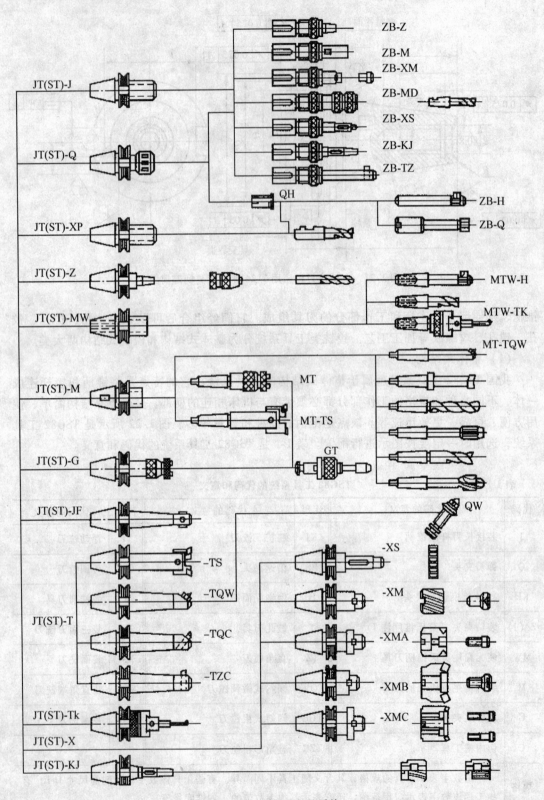

图 1-22　TSG82 工具系统

(2) 模块式结构。

模块式结构把工具的柄部和工作部分分开,制成系统化的主柄模块、中间模块和工作模块,每类模块中又分为若干小类和规格,然后用不同规格的中间模块组装成不同用途、不同规格的模块式刀具,这样一来就方便了制造、使用和保管,减少了工具的规格、品种和数量的储备,对加工中心较多的企业有很高的实用价值。目前,模块式工具系统已成为数控加工刀具发展的方向。国外有许多应用比较成熟的模块化工具系统。例如,瑞典SANDVIK公司有比较完善的模块式工具系统,在我国的许多企业得到了很好的应用。国内的TMG10和TMG21工具系统就属于这一类。图1-23所示为TMG工具系统的示意图。

3. 数控机床刀具的特点

数控机床所用的刀具主要具备下列特点:

①刀片和刀具几何参数和切削参数的规范化、典型化;
②刀片或刀具材料及切削参数与被加工工件的材料之间匹配的选用原则;
③刀片或刀具的耐用度及其经济寿命指标的合理化;
④刀片及刀柄的定位基准的优化;
⑤刀片及刀柄对机床主轴的相对位置的要求高;
⑥对刀柄的强度、刚性及耐磨性的要求高;
⑦刀柄或工具系统的装机重量限制的要求;
⑧对刀具柄的转位、装拆和重复精度的要求;
⑨刀片及刀柄切入的位置和方向的要求;
⑩刀片和刀柄高度的通用化、规则化、系列化;
⑪整个数控工具系统自动换刀系统的优化。

4. 刀具材料

数控机床刀具根据所采用的材料可分为:高速钢刀具、硬质合金刀具、陶瓷刀具、立方氮化硼刀具、聚晶金刚石刀具。目前用得最普遍的是硬质合金刀具。

在金属切削领域,金属切削机床的发展和刀具材料的开发是相辅相成的关系。刀具材料从碳素工具钢到今天的硬质合金和超硬材料(陶瓷、立方氮化硼、聚晶金刚石等)的出现,都是随着机床主轴转速的提高、功率的增大、主轴精度的提高、机床刚性的增加而逐步发展的;同时由于新的工程材料不断出现,也对切削刀具材料的发展起到了促进作用。目前金属切削工艺中应用的刀具材料,碳素工具钢已被淘汰,合金工具钢也很少使用,所使用的刀具材料主要分为下列五类。

(1) 高速钢(High Speed Steel, HSS)。

高速钢刀具有着悠久的历史,随着材料科学的开发,高速钢刀具材料的品种已从单纯型的W系列发展到WMo系、WMoAl系、WMoCo系。其中WMoAl系是我国所特有的品种,因此使得高速钢的内在质量(碳化物偏析、晶粒度等)得到了有效的控制。同时,由于高速钢刀具热处理技术(真空、保护气热处理)的进步以及成形金切工艺(全磨制钻头、丝锥等)的更新,使得高速钢刀具的红硬性、耐磨性和表面层质量都得到了很大的提高和改善。因此高速钢刀具仍是数控机床用刀具的选择对象之一。

目前国内外应用得比较普遍的高速钢刀具材料以WMo系、WMoAl系、WMoCo系为主。

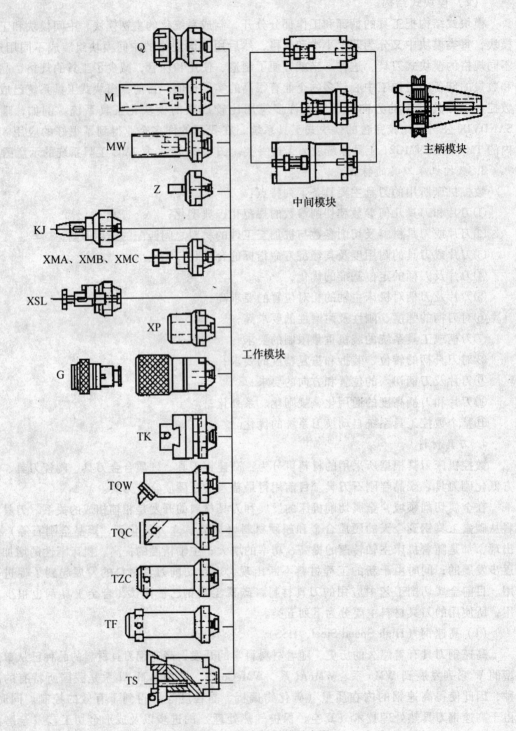

图 1-23 TMG 工具系统示意图

(2) 硬质合金（Cemented Carbide）。

随着机床刚性、主轴转速及切削力的提高，为适应高速切削的要求，开发出了硬质合金。

国产硬质合金刀具材料基本分为三大类。一类是以 WC 为主、加上钴黏结剂的钨钴类，牌号为"YG"；第二类是以 WC + TiC 为主、加上钴黏结剂的钨钴钛类，牌号为"YT"；第三类是在 WC + TiC 的基础上，加入少量的 NbC（碳化铌）、TaC（碳化钽）等碳化物，牌号为"YW"，俗称"万能型"硬质合金。

按硬质合金刀片的使用方法，可分为焊接式刀片和可转位机夹式刀片两类。目前数控机床大多数采用机夹式刀片，仅少部分仍使用焊接式刀片。如图 1-24 所示是广泛应用的硬质合金机夹车刀刀片。

硬质合金刀片材料，按 ISO 标准主要以硬质合金的硬度、抗弯强度等指标为依据，分为 P、M、K 三大类。

K 类以 WC 为主加 Co，从 01～40，WC 从多到少，含 3%～10% Co。抗弯强度为 2500～1450N/mm²，硬度 HV 为 1850～1320。

M 类以 WC 为主，加入 TiC 和 Co，从 05～40，WC 从多到少，含 10% Co。抗弯强度为 2100～1800N/mm²，硬度 HV 为 1590～1380。

P 类以 WC 为主，加 TiC（3%～5%）和 TaC + Co，从 01～45，WC 从少到多，含 6%～16% Co。抗弯强度为 2300～1100N/mm²，硬度 HV 为 1100～1580。

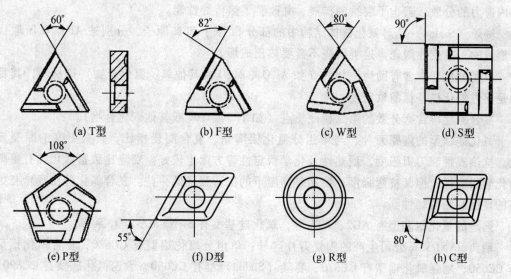

图 1-24　硬质合金数控车刀刀片类型

美国硬质合金牌号，WCo 类为 C4～C1，HV 从高到低，抗弯强度从小到大。WCoTi 类为 C5～C8，HV 从低到高，抗弯强度从大到小。

（3）陶瓷刀具。

陶瓷是含有金属氧化物或氮化物的无机非金属材料。早期的陶瓷刀片由于其具有脆性、不均匀性，强度低同时又使用不当，因此应用没有取得令人满意的效果。现在有了强度高、均一、质量好的各类陶瓷刀片，配合功率更高、刚性更好的高速机床，其应用已经取得了重大的进展。

陶瓷刀具材料目前主要分为两大系列,其中包括:

$$\text{陶瓷材料}\begin{cases}\text{氧化铝基型}\begin{cases}\text{单组分氧化铝}(Al_2O_3+ErO_2)\\\text{复合氧化铝}(Al_2O_3+TiC)\\\text{增强型氧化铝}(Al_2O_3+SiCW)\end{cases}\\\text{氮化硅基型}\begin{cases}\text{赛隆 Sialon}(Si-Al-O-N)\\\text{微密氮化硅}(Si_3N_4+Al_2O_3+MgO)\\\text{复合氮化硅}(Si_3N_4+TiC+TiN)\end{cases}\end{cases}$$

单组分氧化铝陶瓷,主要由高纯氧化铝,加入少量氧化锆(ZrO_2)助结剂来提高其断裂韧性,同时也加入少量的氧化镁(MgO)来细化晶粒。单组分氧化铝为基体的组分中加入 15% ~ 40% 或更多的碳化钛(TiC、N)、氮碳化锆(ZrC、N)及二硼化钛(TiB_2)。复合陶瓷刀片用热压等静压制成,刀片呈黑灰色或褐色。与单组分氧化铝冷压刀片相比,还有更致密、更细晶粒、更高强度、更好抗冲击等性能,并在高温下也有较高的热硬度。

增强氧化铝陶瓷是在以氧化铝(Al_2O_3)为基体的组分中加入线状晶须 SiC 纤维,形成均布的网络来增强其基体。这种细长的单晶纤维呈六方形而直径小于 0.0005mm。晶须增强的氧化铝陶瓷,提高了强度、耐磨性和断裂韧性,是未增强型陶瓷的两倍。同时,促使内应力的分散,阻止了裂纹的扩展,并改善了热传导性能。

赛隆(Sialon)是对氮化硅体结构中的部分 Si 原子和 N 原子,分别被 Al 和 O 所取代而形成的一种变性陶瓷。这类陶瓷不需要热压成形。

致密氮化硅中含有助烧添加剂(如 Al_2O_3、MgO 或其他氧、氮化合物)等材料,其目的是促进氮化硅基材的致密度。

复合氮化硅含有分散的第二相硬质点(如 TiC 或 TiN 或其他碳化合物)。

氮化硅基型的陶瓷刀片,与单组分氮化铝陶瓷、复合陶瓷相比,具有更高的断裂韧性、抗热震性和刀刃强度,耐热性及化学稳定性等方面也较好。赛隆比致密氮化硅有更高的化学耐磨性,但其抗弯强度,特别是高温下的抗弯强度低一些。复合氮化硅比赛隆有更高的硬度和断裂韧性。

国产的氧化铝基型有 AG2、AT6 等,氧化硅基型有 Si_2N_2-MA-ZrO_2 系等。

瑞典 SANDVIK 公司生产的陶瓷刀片牌号:单组分氧化铝型有 CC620;复合氧化铝型有 CC650;增强氧化铝型有 CC670;赛隆(Sialon)型有 CC680;致密氮化硅型有 CC690。

陶瓷刀片的应用大致分类如下:

①单组分氧化铝刀片(如 CC620)一般用于小于 HB235 的铸铁、小于 HRC38 的碳钢、合金钢的半精及粗加工,但切削时不宜用冷却液。

②复合氧化铝刀片(如 CC650)可用于各种硬度的铸铁及硬度在 HRC34 ~ 65 的碳钢、合金钢、工具钢等零件的连续切削,更适用于铸铁及锡的精加工。同样可用于马氏体不锈钢、沉淀硬化型不锈钢、高温耐热合金等零件的加工。

③增强氧化铝刀片(如 CC670)可用于冷硬铸铁、淬硬钢、工具钢、镍基耐热合金、钨基镰合金等,并可高速切削(10 倍于硬质合金),也可以间断切削,但不适用于加工钛、钼及其合金,因为易发生化学反应。

④氮化硅型刀片（如 CC680、CC690）主要用于铸铁、耐热合金零件的粗加工，并可以 5 倍于硬质合金的高速切削。使用陶瓷刀片时，无论什么情况都要使用负前角（例如 20°），负前角刃面的宽度一般在 0.1~0.25mm，粗加工宽一些，精加工窄一些，主要是为了防止崩刃，必要时可将刃口倒钝。

目前，陶瓷刀具也已经制成了与硬质合金刀具类似的可转位刀片，在车削加工中得到了广泛的应用。

(4) 立方氮化硼（Cubic Boron Nitride，CBN）。

立方氮化硼（CBN）是氮化硼（BN）的同素异构体，其结晶结构与金刚石相似，因此还具有仅次于金刚石的显微硬度，有极好的耐磨性、极高的热稳定性和优良的化学稳定性。目前国内生产的聚晶复合立方氮化硼（PCBN）材料的主要技术指标为：磨耗比 4000~7000；耐热温度 1000~1200℃；显微硬度 HV5000~8000；抗弯强度 1960~2940MPa。

立方氮化硼的细晶粒是不规则取向的，所以它的耐磨性和硬度在各个方向上都是均匀的，它的晶体之间都是直接成键，为其提供了均匀的高强度。这种高强度和韧性，使得立方氮化硼刀片能承受切削硬而韧的材料时所产生的巨大切削力，同时也能承受严重间断切削时所需的高抗冲击性。立方氮化硼有比硬质合金高得多的热传导性，因此这种切削刀具具有良好的热扩散效果。其刀片刃口，在加工温度达到 1000℃时仍能保持其强度和硬度，并且在 1000℃时能抗氧化，与铁、镍、钴不发生化学反应。

目前国内所生产的 CBN 刀片都是以硬质合金为基底的复合刀片，这种刀片既有硬质合金的韧性，又有 CBN 材料的耐磨性。国产 CBN 刀片的形状有圆形、正方形、三角形和菱形等，对于机夹式刀片用圆形刀片为佳。

国产 CBN 材料与国外同类材料相比，主要缺点表现在耐磨性较差、强度低，刀片表面粗糙度较大，刃口的质量较差，产品品种少，性能适用范围窄。

立方氮化硼刀片一般适用于加工硬度不小于 HRC45 的冷硬铸铁、合金结构钢、工具钢、高速钢、轴承钢以及硬度不小于 HRC35 的镍基合金、钴基合金、高钴粉末冶金零件。

在使用立方氮化硼刀片时应选择刚性好、功率足够的机床。刀杆的伸出量应尽可能小，避免让刀口振动。在任何切削情况下都要采用负前角，要选择尽可能大的负偏角（大于 15°）。一般情况下推荐采用冷却液，刃口可以倒钝，特别是间断切削。要在刀片开始变钝时立即换刀，可采用比硬质合金大得多的切削速度和进给量，听到颤声时要立刻停止切削。

总之，立方氮化硼刀具具有较高的硬度和热稳定性，主要适用于各种淬火钢、耐磨铸铁、喷涂材料、钛合金等高硬度难加工材料的半精加工及精加工，在加工难加工的材料方面，显示出了特有的优越性。

(5) 聚晶金刚石（Poly Crystalline Diamond，PCD）。

聚晶金刚石刀片绝大多数是将聚晶金刚石与硬质合金基材一起烧结而成。

聚晶金刚石的硬度、耐磨性在各个方向都是均匀的，而天然金刚石在各个方向是不均匀的，存在着软的晶面或键合较弱的面（解理晶面）。聚晶金刚石与天然金刚石相比，在断续切削时不易崩刃或碎裂，刀刃上不易形成积屑瘤。

聚晶金刚石的硬度很高，耐磨性好，有锋利的刀刃，可以把切屑从零件的表面上很干净地剪下来而保持零件表面的完整和光洁，由此而降低切屑与刀刃的摩擦力，提高切削效率。聚晶金刚石刀片可以研磨和抛光出非常锐利的刃口。由于刃口是由许多人造金刚石晶体颗粒构成的，不如使用单晶天然金刚石刀具所加工的表面光洁。

聚晶金刚石和硬质合金基体的氧化开始于600℃，在采用焊接刀片时，应避免加热温度超过700℃。

目前国内已有部分聚晶金刚石刀片产品。瑞典 SANDVIK 公司的聚晶金刚石刀片的牌号为 CD10，主要是将聚晶金刚石颗粒烧结在刀片刃口的顶端部分，其形状有四边形、菱形、正方形、三角形等。美国通用（GE）电气公司的聚晶金刚石刀片的牌号为 COM-PAX，它是将聚晶金刚石颗粒烧结在刀片的整个刃口平面上（厚度为0.5mm），其形状有圆形、扇形和矩形。

聚晶金刚石刀片在正常的切削加工温度下，与含铁、镍或钴的合金会发生化学反应，所以它只用于高效地加工有色金属和非金属材料。其加工范围有锻铝、铝硅合金、铜、铜合金、镁、锌及其合金、巴氏合金、硬质合金等。还有陶瓷、石墨、塑料、树脂、层压板、填充纤维的复合材料、玻璃等非金属材料。

使用聚晶金刚石刀片时，应遵循的原则是只用于加工有色金属和非金属材料，选用有足够刚性和功率的机床，采用刚性好的刀柄和紧固装置，可采用较大的前角加大切削深度和进给量，一般可用冷却液，不要在刀具失去锋利的刃口后再继续使用。

总之，上述五大类刀具材料，从总体上分析，材料的硬度、耐磨性，金刚石最高，依次降低，直到高速钢。而材料的韧性则是高速钢最高，金刚石最低。在数控机床、车削加工、镗铣加工等现代加工中心，采用最广泛的是硬质合金和高速钢这两类。因为这两类材料从经济性、成熟性、适应性、多样性、工艺等各方面，目前综合效果都优于陶瓷、立方氮化硼、聚晶金刚石等刀具材料。但在以车代磨加工淬火钢时，陶瓷、立方氮化硼刀具具有很大的优势，聚晶金刚石刀片则主要用于加工有色金属和非金属材料、砂轮修磨等。

二、可转位刀片的代码

从刀具的材料应用方面，数控机床用刀具材料主要是各类硬质合金。从刀具的结构应用方面，数控机床主要采用机夹可转位刀片的刀具。因此，对硬质合金可转位刀片的运用是数控机床操作者所必须了解的内容之一。

选用机夹式可转位刀片，首先要了解各类型机夹式可转位刀片的代码（Code）。按国际标准 ISO1832—1985，代码是由10位字符串组成的，其排列如下：

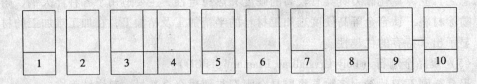

其中，每位字符串各代表刀片的某种参数的意义，现分别叙述如下：

1 代表刀片的几何形状及其夹角；

2 代表刀片主切削刃后角（法后角）；

3 代表刀片内接圆 d 与厚度 s 的精度级别；

4 代表刀片形式、紧固方法或断屑槽；

5 代表刀片边长、切削刃长；

6 代表刀片厚度；

7 代表刀尖圆角半径 r_ε 或方偏角 K_r，或修光刃后角 α_n；

8 代表切削刃状态，刀尖切削刃或倒棱切削刃；

9 代表进刀方向或倒刃宽度；

10 代表厂商的补充符号或倒刃角度。

一般情况下第 8 和第 9 位代码，是当有要求时才被填写使用。第 10 位代码根据厂商而不同。例如，瑞典 SANDVIK 公司用来表示断屑槽形代号或代表设计有断屑槽等。

根据可转位刀片的切削方式不同，应分别按车、铣、钻、镗的工艺来叙述转位刀片代码的具体内容。由于刀片内容很多，在此不做一一叙述。先给出车削、铣削刀片的表格，以便让大家有一个了解，见表 1-2。

三、数控机床选择刀具要点及注意事项

1. 选择刀片（刀具）应考虑的要素

选择刀片或刀具应考虑的因素是多方面的。随着机床种类、型号的不同，生产经验和习惯等的不同，得到的结果往往是不相同的，归纳起来应该考虑的要素有以下几点：

（1）被加工工件材料的类别。常用的材料为有色金属（铜、铝、钛及其合金）、黑色金属（碳钢、低合金钢、工具钢、不锈钢、耐热钢等）、复合材料、塑料类等。

（2）被加工工件材料性能。包括硬度、韧性、组织状态——铸、锻、轧、粉末冶金等。

（3）切削工艺的类别。分车、钻、铣、镗，粗加工、精加工、超精加工，内孔，外圆，切削流动状态，刀具变位时间间隔等。

（4）被加工工件的几何形状（影响到连续切削或间断切削、刀具的切入或退出角度）、零件精度（尺寸公差、形位公差、表面粗糙度）和加工余量等。

（5）要求刀片（刀具）能承受的切削用量（切削深度、进给量、切削速度）。

（6）生产现场的条件（操作间断时间、振动、电力波动或突然中断）。

（7）被加工工件的生产批量，影响到刀片（刀具）的经济寿命。

2. 选择镗孔（内孔）刀具的考虑要点

镗孔刀具的选择，主要问题是刀杆的刚性，要尽可能地防止或消除振动。其考虑要点如下：

（1）尽可能选择大的刀杆直径，最好是接近镗孔直径。

（2）尽可能选择短的刀臂（工作长度），当工作长度小于 4 倍刀杆直径时可用钢制刀杆，加工要求高的孔时最好采用硬质合金制刀杆。当工作长度为 4～7 倍刀杆直径时，小孔用硬质合金制刀杆，大孔用减震刀杆。当工作长度为 7～10 倍刀杆直径时，要采用减振刀杆。

（3）选择主偏角（切入角 K_r）大于 75°，接近 90°。

（4）选择无涂层的刀片品种（刀刃圆弧小）和小的刀尖半径（$r_\varepsilon = 0.2$）。

（5）精加工采用正切削刃（正前角）刀片和刀具，粗加工采用负切削刃（负前角）刀片和刀具。

表1-2 可转位车刀刀片的标记方法

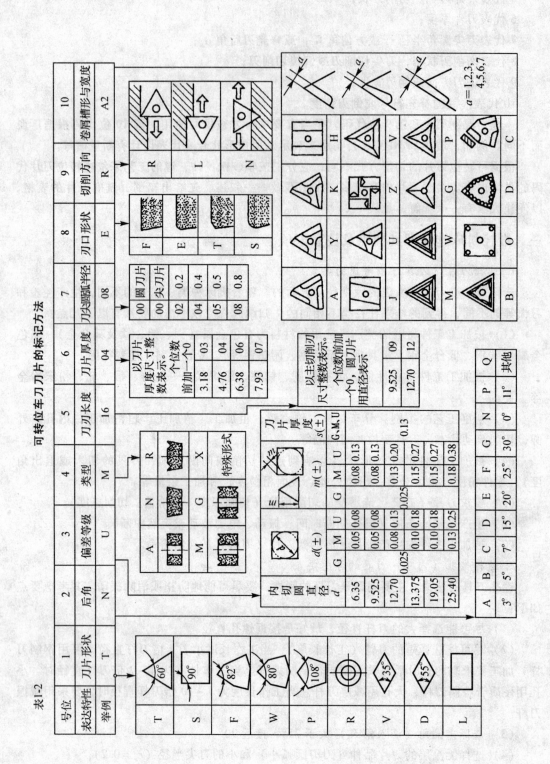

(6) 镗深的盲孔时，采用压缩空气（气冷）或冷却液（排屑和冷却）。

(7) 选择正确的、快速的镗刀柄夹具。

如图 1-25 所示是车削加工时工件形状和刀具形状的关系。

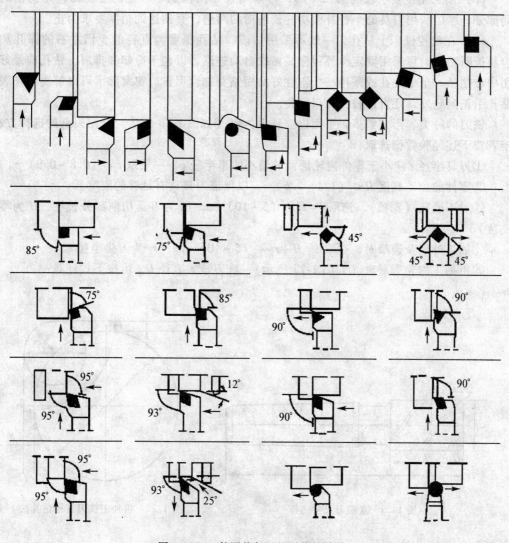

图 1-25 工件形状与刀具形状的关系

3. 选用数控铣刀时的注意事项

(1) 在数控机床上铣削平面时，应采用可转位硬质合金刀片铣刀。一般采用两次走刀，一次粗铣，一次精铣。当连续切削时，粗铣刀直径要小些以减小切削扭矩，精铣刀直径要大一些，最好能包容待加工表面的整个宽度。加工余量大且加工表面又不均匀时，刀具直径要选得小一些，否则，当粗加工时会因接刀刀痕过深而影响加工质量。

(2) 高速钢立铣刀多用于加工凸台和凹槽，最好不要用于加工毛坯面，因为毛坯面有硬化层和夹砂现象，会加速刀具的磨损。

(3) 加工余量较小，并且要求表面粗糙度较低时，应采用立方氮化硼（CBN）刀片端铣刀或陶瓷刀片端铣刀。

（4）镶硬质合金立铣刀可用于加工凹槽、窗口面、凸台面和毛坯表面。

（5）镶硬质合金的玉米铣刀可以进行强力切削，铣削毛坯表面和用于孔的粗加工。

（6）加工精度要求较高的凹槽时，可采用直径比槽宽小一些的立铣刀，先铣槽的中间部分，然后利用刀具的半径补偿功能铣削槽的两边，直到达到精度要求为止。

（7）在数控铣床上钻孔，一般不采用钻模，钻孔深度为直径的 5 倍左右的深孔加工容易折断钻头，可采用固定循环程序，多次自动进退，以利于冷却和排屑。钻孔前最好先用中心钻钻一个中心孔或采用一个刚性好的短钻头锪窝引正。锪窝除了可以解决毛坯表面钻孔引正问题外，还可以替代孔口倒角。

铣刀的种类、形式繁多，下面以立铣刀为例（如图 1-26 所示）介绍刀具的选择方法，推荐按下述经验数据选取：

①刀具半径 r 应小于零件内轮廓面的最小曲率半径 ρ，一般取 $r = (0.8 \sim 0.9) \rho$。

②零件的加工高度 $H \leq (1/4 \sim 1/6) r$，以保证刀具具有足够的刚度。

③对不通孔（深槽），选取 $l = H + (5 \sim 10)$ mm（l 为刀具切削部分长度，H 为零件高度）。

④加工外形及通槽时，选取 $l = H + r_\varepsilon + (5 \sim 10)$ mm（r_ε 为刀尖半径）。

⑤粗加工内轮廓面时（如图 1-27 所示），铣刀最大直径 $D_{粗}$ 可按下式计算：

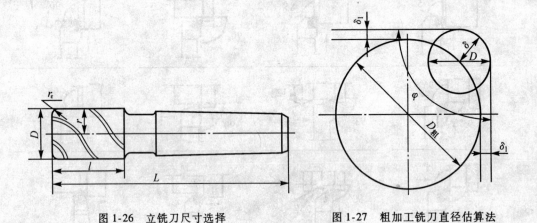

图 1-26　立铣刀尺寸选择　　　　图 1-27　粗加工铣刀直径估算法

$$D_{粗} = \frac{2(\delta \sin\varphi/2 - \delta_1)}{1 - \sin\varphi/2} + D$$

式中：D——轮廓的最小凹圆角直径；

δ——圆角邻边夹角等分线上的精加工余量；

δ_1——精加工余量；

φ——圆角两邻边的夹角。

⑥加工筋时，刀具直径为 $D = (5 \sim 10) b$（b 为筋的厚度）。

对一些立体平面和变斜角轮廓外形的加工，常用球头铣刀、环形铣刀、鼓形刀、锥形刀和盘形刀（如图 1-28 所示）。

曲面加工常采用球头铣刀，但加工曲面较平坦部位时，刀具以球头顶端刃切削，切削

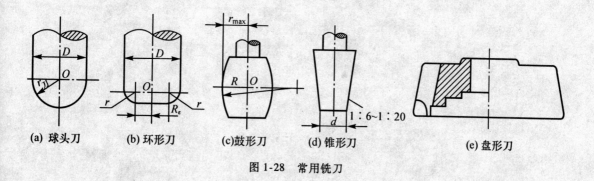

图 1-28 常用铣刀

条件较差,则应采用环形刀。在单件或小批量生产中,为取代多坐标联动机床,常采用鼓形刀或锥形刀来加工飞机上一些变斜角零件;加镶齿盘铣刀,适用于在五坐标联动的数控机床上加工一些球面,其效率比用球头铣刀高近 10 倍,并可获得好的加工精度。

第二篇

数控车床实训项目

实训任务一　外圆、端面加工

【学习背景】 在工程实践中，大量机械零件使用各种轴类零件，如减速机传动轴等，适用于车床加工。外圆和端面加工是车床操作工必须掌握的基本技能，可以用多种方法，如普通车床加工、数控车床加工；编程方式可分为基本插补指令编程、简单循环指令编程、复合循环指令编程等。对于一个具体零件，如何选择加工工艺和编程方式是本节的主要内容。

【实训目标】

(1) 掌握指令 G00、G01、G90、G94 格式、含义及使用方法；
(2) 学习外圆、端面车削加工方法；
(3) 学习外圆与端面刀具几何角度和切削用量参数的选择；
(4) 了解工艺装备的安装与调试常识。

一、实训知识准备

1. 车刀的选择

数控车床采用可转位车刀，与通用车床相比一般无本质的区别，其基本结构、功能特点是相同的。但数控车床的加工工序是自动完成的，因此对可转位车刀的要求又有别于普通车床所使用的刀具，其特点有：①精度高：能保证刀片重复定位精度，方便坐标设定，保证刀尖位置精度。②可靠性高：刀具材料利于切削，断屑稳定；适应刀架快速移动和换位以及整个自动切削过程中工件夹紧不得有松动的要求。

(1) 可转位刀片的选择。

①刀片材料选择　选择刀片材料，主要依据被加工工件的材料、被加工表面的精度要求、切削载荷的大小以及切削过程中有无冲击和振动等。

②刀片尺寸选择　刀片尺寸的大小取决于有效切削刃长度。有效切削刃长度与背吃刀量和主偏角有关。

③刀片形状选择　刀片形状主要根据被加工工件的表面形状、切削方法、刀具寿命和刀片的转位次数等因素来选择。

④刀片的刀尖半径选择　刀尖圆弧半径的大小直接影响刀尖的强度及被加工零件的表面粗糙度。刀尖圆弧半径大，表面粗糙度值增大，切削力增大且易产生振动，切削性能变坏，但刀刃强度增加，刀具前后刀面磨损减少。通常在切深较小的精加工、细长轴加工、机床刚度较差情况下，选用刀尖圆弧较小些；而在需要刀刃强度高、工件直径大的粗加工中，选用刀尖圆弧大些。刀片的几何形状及加工对象见图 2-1。

(2) 数控车床刀具的选刀过程。

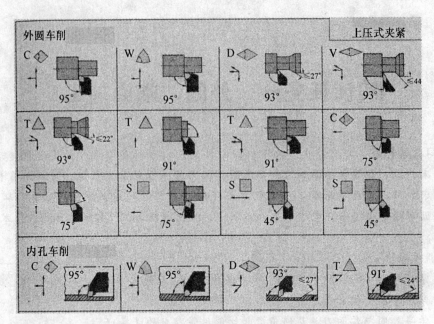

图 2-1 刀片形状及加工对象

数控车床刀具的选刀过程如图 2-2 所示。从对被加工零件图样的分析开始,到选定刀具,共需经过 10 个基本步骤,其中第一条路线为:零件图样、机床影响因素、选择刀杆、刀片夹紧系统、选择刀片形状,主要考虑机床和刀具的情况;第二条路线为:工件影响因素、选择工件材料代码、确定刀片的断屑槽型代码或 ISO 断屑范围代码,这条路线主要考虑工件的情况。综合这两条路线的结果,才能确定所选用的刀具。

2. 数控车床的坐标系

(1) 机床坐标系。

机床坐标系是用来确定工件坐标系的基本坐标系,是机床本身所固有的坐标系,是机床生产厂家设计时自定的,其位置由机械挡块决定,不能随意改变。

数控车床的坐标系:主轴方向为 Z 轴方向,且刀具远离工件方向为正(远离卡盘的方向);垂直主轴方向为 X 轴的方向,且刀具远离工件为正(刀架前置 X 轴的方向朝前,刀架后置 X 轴的方向朝后);数控机床坐标系原点也称机械原点,是一个固定点,其位置由制造厂家来确定。数控车床坐标系原点一般位于卡盘端面与主轴轴线的交点上(个别数控车床坐标系原点位于正的极限点上)。

(2) 工件坐标系。

工件坐标系是编程人员根据零件图形状特点和尺寸标注的情况,为了方便计算出编程的坐标值而建立的坐标系。工件坐标系的坐标轴方向必须与机床坐标系的坐标轴方向彼此平行,方向一致。数控车削零件的坐标系原点一般位于零件右端面或左端面与轴线的交点上。如图 2-3 所示。

(3) 机床参考点。

机床参考点(如图 2-4 所示)是由机床限位行程开关和基准脉冲来确定的,它与机床

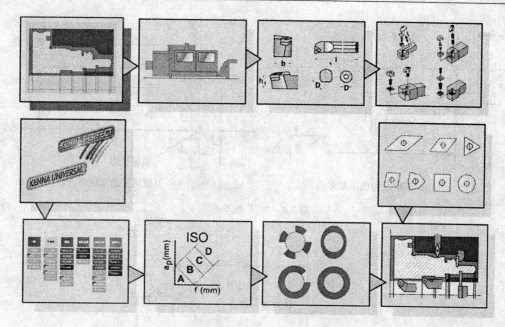

图 2-2　数控车床刀具的选刀过程

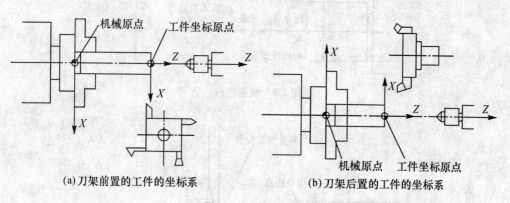

(a) 刀架前置的工件的坐标系　　(b) 刀架后置的工件的坐标系

图 2-3　工件坐标系

坐标系原点有着准确的位置关系。数控车床的参考点一般位于行程的正的极限点上。数控车床开机后，加工前首先要进行返回参考点的操作。

3. 相关编程指令

(1) 快速定位 G00（见图 2-5）。

编程格式：G00 X（U）____ Z（W）____

其中，X（U）、Z（W）为定位点

例：G00 X50.0 Z6.0

或 G00 U-70.0 W-84.0

(2) 直线插补指令 G01（见图 2-6）。

编程格式：G01 X（U）____ Z（W）____ F____

其中，X(U)____Z(W)____为直线终点位置，F 进给指令单位为 mm/r(毫米/转)。

该指令用于直线或斜线运动，可沿 X 轴、Z 轴方向执行单轴运动，也可做沿 XZ 平面

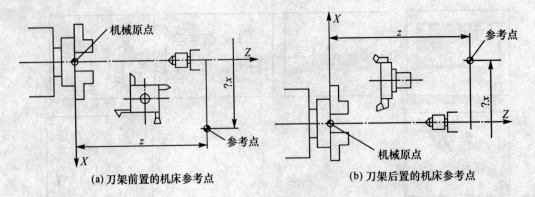

图 2-4　机床参考点

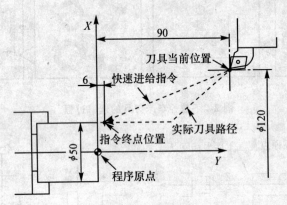

图 2-5　快速定位

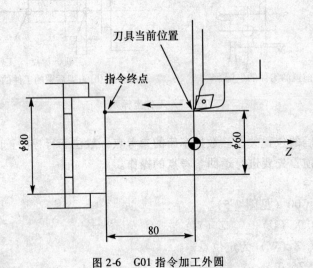

图 2-6　G01 指令加工外圆

内任意斜率的直线运动。

例：G01 X60.0 Z-80.0 F0.3

或　G01 U0 W-80.0 F0.3

(3) 圆柱面和圆锥面切削单一循环指令 G80。

编程格式：G80 X（U）＿Z（W）＿I＿F＿

其中，X、Z 表示切削段的终点绝对坐标值；

U、W 表示切削段的终点相对于循环起点的增量坐标值；

I 表示切削段起点相对终点的 X 方向上的半径之差（通常为负值）

即直径编程：I =（X 起点-X 终点）/2，半径编程：I = X 起点-X 终点

F 表示进给速度。

(4) 端面切削单一固定循环指令 G81。

编程格式：G81 X（U）＿Z（W）＿K＿F＿

其中，X、Z 表示切削段的终点绝对坐标值；

U、W 表示切削段的终点相对于循环起点的增量坐标值；

K 表示切削段起点相对终点的 Z 方向坐标值之差（通常为负值），即 K 表示 Z 起点至 Z 终点的半径差；

F 表示进给速度。

当工件毛坯的轴向余量比径向余量多时，使用外径切削循环 G80 指令；当工件毛坯的径向余量比轴向余量多时，使用端面切削循环指令 G81。

二、加工任务

1. 零件图

如图 2-7 所示毛坯尺寸为 $\phi 40\text{mm} \times 90$ 的棒料，工件材料为 45 钢，生产数量为小批量生产，试编制零件的加工程序并加工。

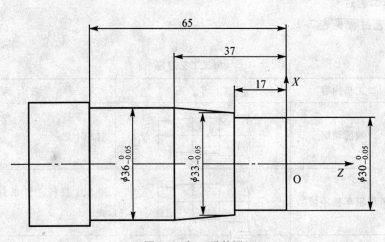

图 2-7 加工零件图

2. 工艺分析

(1) 零件几何特点。

零件加工面主要为端面及 $\phi 30_{-0.05}^{0}$、$\phi 33_{-0.05}^{0}$、$\phi 36_{-0.05}^{0}$ 的外圆。

各外圆长度尺寸如图所示，表面粗糙度为 $6.3\mu m$。由于零件为小批量生产且精度比较高，适宜于采用数控车床加工。

（2）加工工序。

根据零件结构选用毛坯为 φ40mm×90 的棒料，工件材料为 45 钢。选用 CJK6136W 机床即可达到要求。总加工余量虽不算大（5mm），但如采用基本指令 G01 编程车削外圆和端面，则显得程序段数较多，可以利用机床所具有的循环指令编程。

①平端面；
②外圆粗车循环切削；
③外圆精车循环；
④切断；
⑤各工序刀具及切削参数选择见表 2-1。

表 2-1　　　　　　　　　　选用的刀具

序号	加工面	刀具号	刀具规格 类型	刀具规格 材料	主轴转速 $n/(\mathrm{r}\cdot\mathrm{min}^{-1})$	进给速度 $v/(\mathrm{mm}\cdot\mathrm{min}^{-1})$
1	端面车削	T01	90°外圆车刀具	硬质合金	500	50
2	外圆粗加工	T01	90°外圆车刀具	硬质合金	500	100
3	外圆精车	T02	90°外圆车刀具	硬质合金	1000	50
4	切断	T03	切断刀	硬质合金	400	30

⑥以外圆为定位基准，用卡盘夹紧。

3. 加工工艺过程

加工工艺过程见表 2-2。

表 2-2　　　　　　　　　　加工工艺过程

工步	工步内容	工步图	说明
1	端面切削		用 G01 进行
2	外圆粗车循环切削		用 G01 进行，留 0.5mm 的精车余量
3	外圆精车循环切削		用 G01 进行，达到尺寸要求
4	用切断刀切断工件		切断刀宽 4mm，用 G01 切

4. 参考编程

```
%1001
N10  G00 X100 Z150              换刀参考点
N20  T0101                      换 1 号刀
N30  M03 S500                   启动主轴
N40  G00 X50 Z4                 刀具加工定位
N50  G81 X0 Z0 F50              端面循环车削
N60  G80 X36.5 Z-64.75 F100     外圆循环车削
N70  X33.5 Z-16.75              外圆循环车削
N80  X30.5                      外圆 X 方向进给循环车削
N90  G00 X100 Z150              回换刀参考点
N100 T0202                      换 2 号刀
N110 G00 X30 Z2 S1000           刀具加工定位
N120 G01 Z-17 F50               切外圆
N130 X33                        切端面
N140 G01 X36 Z-37               切锥面
N150 Z-65                       切外圆
N160 G01 X45                    X 方向退刀
N170 G00 X100 Z150              回换刀参考点
N180 T0200                      撤销 2 号刀
N190 T0303                      换 3 号刀
N200 G00 X44 Z-69 S400          刀具定位
N210 G01 X1 F30                 切断
N220 X44 F200                   退刀
N230 G00 X100 Z150              回换刀参考点
N240 T0300                      取消刀补
N250 M05                        主轴停止
N260 M30                        程序结束
```

5. 机床操作

①启动机床；
②工件及刀具的安装；
③程序的输入；
④对刀；
⑤工件试切；
⑥加工；
⑦示范精度检验方法等。

6. 其他编程方法提示

注意：如采用 FUNAC-OI 车床，则循环指令格式如下：

（1）圆柱面和圆锥面切削单一循环指令 G90。

编程格式：G90 X（U）__Z（W）__I__F__

其中，X、Z表示切削段的终点绝对坐标值；

U、W表示切削段的终点相对于循环起点的增量坐标值；

I表示切削段起点相对终点的X方向上的半径之差（通常为负值），即直径编程：I＝（X起点－X终点）/2，半径编程：I＝X起点－X终点；F表示进给速度。

（2）端面切削单一固定循环指令G94。

编程格式：G94 X（U）__Z（W）__K__F__

其中，X、Z表示切削段的终点绝对坐标值；

U、W表示切削段的终点相对于循环起点的增量坐标值；

K表示切削段起点相对终点的Z方向坐标值之差（通常为负值），即K＝Z起点－Z终点；

F表示进给速度。

（3）G00、G01指令格式相同。

三、强化训练

按下列零件图，编写程序并加工。

零件图1：（毛坯 φ55mm×70），表面粗糙度均为6.3，如图2-8所示。

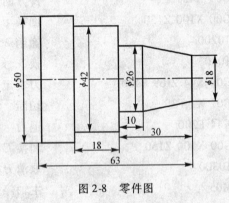

图2-8 零件图

零件图2：（毛坯 φ210mm×110），表面粗糙度均为6.3。如图2-9所示。

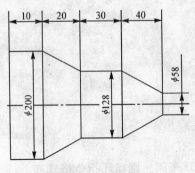

图2-9 零件图

零件图3：(毛坯 φ55mm×90)，如图2-10所示。

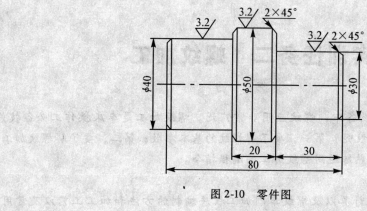

图2-10 零件图

实训任务二 螺纹加工

【学习背景】 在机械设备中,螺纹应用非常广泛。螺纹加工是车床操作工必备技能。如何在数控车床上加工螺纹呢?第一,要了解螺纹的基本参数;第二,要了解螺纹加工刀具的切削特点;第三,会熟练运用螺纹加工的编程指令。

【实训目标】

(1) 掌握螺纹参数的计算以及螺纹车削加工程序编制的方法和加工工艺以及常用编程指令;

(2) 了解螺纹加工刀具的切削特点。

一、实训知识准备

1. 螺纹加工常用指令

(1) 单行程螺纹切削指令 G32。

编程格式:G32 X(U)__Z(W)__F__

其中,X(U)、Z(W)为加工螺纹段的终点坐标值;F为加工螺纹的导程(对于单头螺纹F为螺距)。

(2) 单一固定循环螺纹加工指令 G82。

编程格式:G82 X(U)_ Z(W)_ R_ E_ C_ P_ F_

其中,X、Z为终点的坐标值;R、E表示Z、X轴向螺纹收尾量,为增量值;P为相邻螺纹头的切削起点之间对应的主轴转角;F为螺纹导程;C为螺纹头数。

(3) 复合固定循环螺纹加工指令 G76。

编程格式:G76 C(m) R(r) E(e) A(α) X(u) Z(w) I(i) K(k) U(d) V(Δd_{min}) Q(Δd) P(p) F(l)

其中,m 为精整车削次数(1~99);

r 为 Z 轴方向螺纹收尾长度(为增量值、模态值);

e 为 X 轴方向螺纹收尾长度(为增量值、模态值);

α 为螺纹牙型角,即刀尖角度,可在 80、60、55、30、29、0 六个角度中选择(为模态值);

u 为表示绝对指令时螺纹终点 C 的 X 轴坐标值,增量指令时螺纹终点 C 相对循环起点 A 在 X 轴向的距离;

w 表示绝对指令时螺纹终点 C 的 Z 轴坐标值;增量指令时螺纹终点 C 相对循环起点在 Z 轴向的距离;

I 为螺纹起点 C 与终点 D 的半径差;

k 为螺纹牙型高度(半径值);

d 为精加工余量；

Δd_{min} 为最小切削深度，即当第几次切削，深度小于此值时，以该值进行切削；

Δd 为第一次切削深度（半径值）；

p 表示主轴基准脉冲处距离切削起点的主轴转角；

l 为螺纹导程（同 G32）。

2. 编程注意事项

（1）车螺纹时一定要有切入段 δ1 和切出段 δ2，如图 2-11 所示。

在数控车床上加工螺纹时沿螺距方向进给速度与主轴转速之间有严格的匹配关系，即主轴转一转，刀具移动一个导程。为避免在进给机构加速和减速过程中加工螺纹产生螺距误差，加工螺纹时一定要有切入段 δ1 和切出段 δ2。另外，留有切入段 δ1，可以避免刀具与工件相碰；留有切出段 δ2，可以避免螺纹加工不完整。切入段 δ1 和切出段 δ2 的大小与进给系统的动态特性和螺纹精度有关。一般 δ1 = 2～5mm，δ2 = 1.5～3mm。

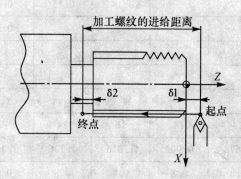

图2-11　车螺纹时的切入段 δ1 和切出段 δ2

（2）螺纹加工一般需要多次走刀，各次的切削深度应按递减规律分配，如图 2-12 所示。

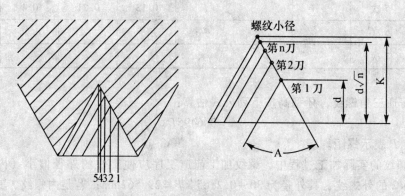

图 2-12　螺纹加工的各次的切削深度按递减规律分配图

由图 2-12 不难分析出，如果各次的切削深度不按递减规律分配，就会使切削面积逐渐增大，而使切削力逐渐增大，从而影响加工精度。所以，各次的切削深度应按递减规律分配。常用普通公制螺纹及英制螺纹加工走刀次数与分层切削深度参见表 2-3。

表 2-3　常用普通公制螺纹及英制螺纹加工走刀次数与分层切削深度表

（直径值，单位：mm）

普通公制螺纹								
螺距		1.0	1.5	2.0	2.5	3.0	3.5	4.0
牙型高度		0.649	0.974	1.299	1.624	1.949	2.273	2.598
走刀次数及分层切削深度	1 次	0.7	0.8	0.9	1.0	1.2	1.5	1.5
	2 次	0.4	0.6	0.6	0.7	0.7	0.7	0.8
	3 次	0.2	0.4	0.6	0.6	0.6	0.6	0.6
	4 次		0.16	0.4	0.4	0.4	0.6	0.6
	5 次			0.1	0.4	0.4	0.4	0.4
	6 次				0.15	0.4	0.4	0.4
	7 次					0.2	0.2	0.4
	8 次						0.15	0.3
	9 次							0.2
英制螺纹								
牙/in		24	18	16	14	12	10	8
牙型高度		0.678	0.904	1.016	1.126	1.355	1.626	2.033
走刀次数及分层切削深度	1 次	0.8	0.8	0.8	0.8	0.9	1.0	1.2
	2 次	0.4	0.6	0.6	0.6	0.6	0.7	0.7
	3 次	0.16	0.3	0.4	0.5	0.5	0.6	0.6
	4 次		0.11	0.14	0.3	0.4	0.4	0.5
	5 次				0.13	0.21	0.4	0.5
	6 次						0.16	0.4
	7 次							0.2

对于普通三角螺纹，牙型高按下列公式估算：
$$h = 0.6495P$$

其中，P 表示螺距。

（3）螺纹的实际加工过程中，螺纹加工前道工序应使工件的外径偏小（内径偏大），例如 M30×2 的外螺纹，其外径为 $30 - 0.2165 \times P = 29.567$ mm；若是内螺纹，其内螺纹则为公称直径 $- 1.299 \times P$。

二、加工任务

1. 零件图

如图 2-13 所示，毛坯尺寸为 $\phi 40$ mm×75 的棒料，工件材料为 45 钢，生产数量为小批量生产,试编制零件的加工程序并加工。

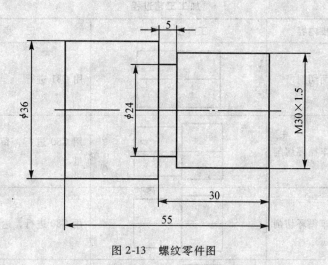

图 2-13 螺纹零件图

2. 工艺分析

(1)零件几何特点。零件加工面为端面、外圆、退刀槽以及 M30×1.5 的螺纹。尺寸要求如图所示。

(2)加工工序。毛坯为 $\phi40\times75$ 的棒料,工件材料为 45 钢。加工部位主要是 $\phi36$ 的外圆、端面、$\phi24\times5$ 的退刀槽以及 M30×1.5 的外螺纹的车削。根据零件图样要求,可以选用 CJK6136 机床进行加工。

①平端面;
②外圆粗车;
③外圆精车;
④切退刀槽;
⑤螺纹车削;

各工序刀具及切削参数选择见表 2-4。

表 2-4   刀具及切削参数选择

序号	加工面	刀具号	刀具规格		主轴转速 $n/(\text{r}\cdot\text{min}^{-1})$	进给速度 $v/(\text{mm}\cdot\text{min}^{-1})$
			类型	材料		
1	端面车削	T01	90°外圆车刀具	硬质合金	500	50
2	外圆粗加工	T01	90°外圆车刀具	硬质合金	500	100
3	外圆精车	T02	90°外圆车刀具	硬质合金	1000	50
4	切退刀槽	T03	切槽刀	硬质合金	400	30
5	螺纹切削	T04	螺纹车刀	硬质合金	500	1.5

3. 加工工艺过程

加工工艺过程见表 2-5。

表 2-5　　　　　　　　　　　加工工艺过程

工步号	工步内容	工步图	工步说明
1	端面切削		用 G81 进行
2	外圆粗车循环切削	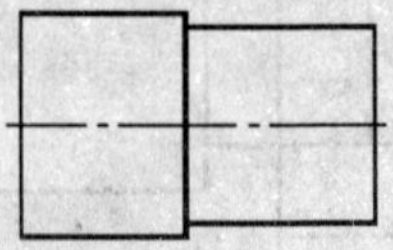	用 G80 进行，留 0.5mm 的精车余量
3	外圆精车循环切削	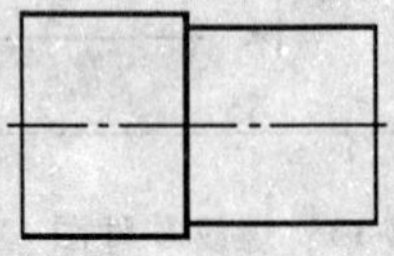	用 G80 进行，达到尺寸要求
4	切退刀槽	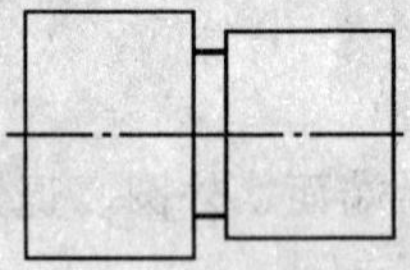	刀宽为 4mm，用 G01 切
5	切螺纹	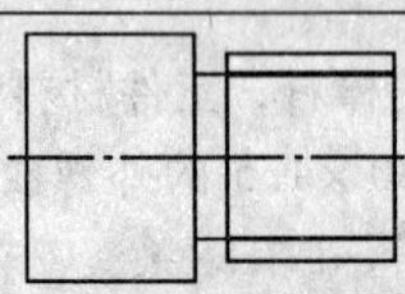	用 G82 指令分 4 次车
6	用切断刀切断工件	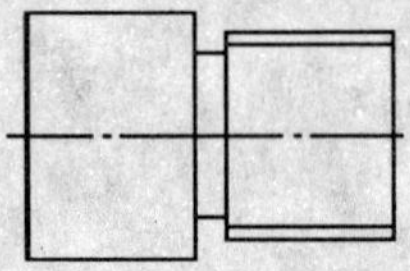	切断刀宽 4mm，用 G01 切

4．参考编程

（1）在 XOZ 平面内确定工件右端面与工件中心线交点为工件原点，建立工件坐标系。

（2）参考编程：

```
%1000
N15  M03 S500              主轴启动
N20  G00 X100 Z100         刀具换刀参考点
N30  T0100                 换 1 号刀
N40  G00 X50 Z3            刀具定位
N50  G81 X0 Z0 F50         端面车削循环
N60  G80 X38 Z-59 F100     外圆车削循环
N70  X36.5
N80  X35 Z-29.75
N90  X32
N100 X30.5
```

N110 G00 X100 Z100	快回换刀点
N115 T0202	换2号刀
N120 S1000	
N121 G00 X45 Z2	刀具定位
N122 G80 X36 Z-59 F50	外圆车削循环
N123 X30 Z-30	
N123 G00 X100 Z100 S400	快回换刀点
N124 T0200	取消2号刀补
N125 T0303	换3号刀
N130 G00 X40 Z-30	刀具定位
N140 G01 X24 F30	切槽
N150 G04 X2	暂停
N160 G01 X45 F150	退刀
N170 G00 X100 Z100	快回换刀点
N180 T0300	取消3号刀补
N190 T0404	换4号刀
N230 G00 X 34 Z5	刀具定位
N240 G82 X29.2 Z-26 F1.5	螺纹车削循环第一次进给，螺距1.5mm
N250 X28.6	第二次进给
N260 X28.2	第三次进给
N270 X28.04	第四次进给
N275 X28.04	光刀
N290 G00 X100 Z100	快回换刀点
N300 T0400	取消4号刀补
N310 T0303	换3号刀
N320 G00X42Z-59	刀具定位
N330 G01X2 F30 S400	切断工件
N350 G01X42 F150	退刀
N360 G00X100 Z100	快回换刀点
N370 T0300	取消3号刀补
N390 M05	主轴停止
N400 M30	程序结束

注意：如采用 FUNAC-OI 车床，则循环指令格式如下：

①单行程螺纹切削指令 G32。

编程格式：G32 X（U）__Z（W）__F__

其中，X（U）、Z（W）为加工螺纹段的终点坐标值；F 为加工螺纹的导程（对于单头螺纹 F 为螺距）。

②单一固定循环螺纹加工指令 G92。

编程格式：G92 X（U）____Z（W）____I____F____

其中，X（U）、Z（W）为加工螺纹段的终点坐标值；I表示切削螺纹段的起点相对终点的X方向上的半径之差（通常为负值），即直径编程：I=（X起点-X终点）/2，半径编程：I=X起点-X终点，F表示螺纹的导程（单头为螺距）。

③复合固定循环螺纹加工指令G76。

编程格式：G76 P（m）__（r）__（α）__Q（Δd_{min}）__R（d）__
G76 X（U）__Z（W）__R（I）__F（f）__P（k）__Q（Δd）__

其中，m为精加工重复次数；

r为螺纹尾端倒角值；

α为刀尖角；

Δd_{min}为最小切入量；

d为加工余量；

X（U）、Z（W）为终点坐标；

I为纹部分半径之差，即螺纹切削起始点与切削终点的半径差。加工圆柱螺纹时，I=0，加工圆锥螺纹时，当X向切削起始点坐标小于切削终点坐标时，I为负，反之为正。

k为牙的高度（X轴方向的半径值）；

Δd为一次切入量（X轴方向的半径值）；

f为螺纹导程。

三、强化训练

按下列零件图，编写程序并加工。

零件图1：（毛坯 φ65mm×100），表面粗糙度均为6.3。如图2-14所示。

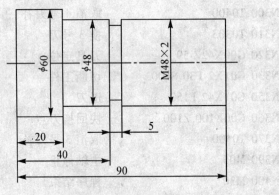

图2-14 螺纹零件图

零件图2：（毛坯 φ55mm×80），表面粗糙度均为6.3。如图2-15所示。

零件图3：（毛坯 φ20mm×50），如图2-16所示。

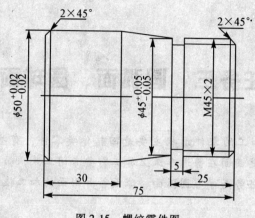

图 2-15 螺纹零件图

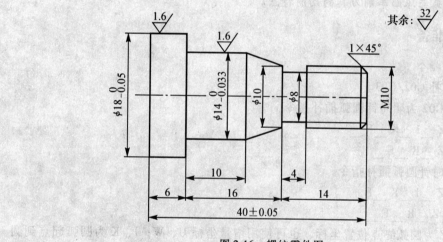

图 2-16 螺纹零件图

实训任务三 圆弧面、圆球面加工

【学习背景】机械加工的零件形状主要是回转体类零件，有些零件形状还带有圆弧面、球面等异形面，这些曲面在普通车床上加工需要专门工装，而采用数控车床加工，则容易得多。本节的主要任务是学习圆弧面、球面等异形面的加工技能。

【实训目标】
(1) 坐标系的建立与刀补值的设置；
(2) 圆弧与球面车削程序编程方法；
(3) 了解圆弧与球面车削刀具的切削特点。

一、实训知识准备

1. 加工常用指令

(1) 圆弧插补 G02/G03。

编程格式：G02 为顺时针圆弧插补指令，

　　G02 X＿Z＿I＿K＿F＿

或 G02 X＿Z＿R＿F＿

　　G03 为逆时针圆弧插补指令，

　　G03 X＿Z＿I＿K＿F＿

或 G03 X＿Z＿R＿F＿

其中，X、Z 为圆弧终点位置坐标，也可使用增量坐标 U、W；I、K 为圆弧起点到圆心在 X、Z 轴方向上的增量；R 为圆弧的半径值，当圆弧≤180°时 R 取正值，当圆弧＞180°时 R 取负值，但不能加工整圆。

G02、G03 指令的判别方法：沿着不在圆弧平面内的坐标轴正方向看去，顺时针方向使用 G02 指令，逆时针方向使用 G03 指令。

(2) 刀具的半径补偿指令 G41、G42、G40。

编程格式：G41（G42）G01（G00）X＿Z＿F＿

　　　　　　G40 G01（G00）X＿Z＿F＿

其中，G41 或 G42 中的 X、Z 为建立刀尖圆弧半径补偿段的终点坐标，G40 中的 X、Z 为撤销刀尖圆弧半径补偿段的终点坐标。

(3) 内、外圆粗车复合固定循环指令 G71。

编程格式：

G71 U（Δd）＿R（e）＿P（ns）＿Q（nf）＿X（Δu）＿Z（Δw）＿F（f）＿S（s）＿T（t）＿

内、外圆粗车复合固定循环指令适用于内、外圆柱面需要多次走刀才能完成的轴套类零件的粗加工，毛坯为圆柱棒料。

其中，Δd 为每次吃刀深度（半径值）；

e 为退刀量；

ns 为精加工程序段的开始程序行号；

nf 为精加工程序段的结束程序行号；

Δu 为径向（X 轴方向）的精加工余量（直径值）；

Δw 为轴向（Z 轴方向）的精加工余量；

F、S、T 为粗切时的进给速度、主轴转速、刀补设定；

精车的 F、S、T 在 ns→ nf 的程序段中指定。

（4）端面粗切循环指令 G72。

编程格式：G72 W（Δd）__R（e）__P（ns）__Q（nf）__X（Δu）__Z（Δw）__F（f）__S（s）__T（t）__

其中，Δd 为背吃刀量；

e 为退刀量；

ns 为精加工轮廓程序段中开始程序段的段号；

nf 为精加工轮廓程序段中结束程序段的段号；

Δu 为 X 轴向精加工余量；

Δw 为 Z 轴向精加工余量；

f、s、t 为 F、S、T 代码。

（5）封闭切削循环指令 G73。

编程格式：G73 U（Δi）__W（Δk）__R（m）__P（ns）__Q（nf）__X（Δu）__Z（Δw）__F（f）__S（s）__T（t）__

其中，Δi、Δk 分别为起始时 X 轴和 Z 轴方向上的缓冲距离；

Δi 为 X 轴（径向）粗车总余量；

Δk 为 Z 轴（轴向）粗车总余量；

ns 为精加工程序段的开始程序行号；

m 为粗切次数；

nf 为精加工程序段的结束程序行号；

Δu 为径向（X 轴方向）的精加工余量；

Δw 为轴向（Z 轴方向）的精加工余量；

F、S、T 为粗切时的进给速度、主轴转速、刀补设定；

精车的 F、S、T 在 ns→ nf 的程序段中指定。

2. 编程注意事项

在圆弧面加工过程中，注意刀具半径补偿的方法及操作步骤。如果在加工过程中没有使用半径补偿，可能造成较大加工误差。

二、加工任务

1. 零件图

如图 2-17 所示，毛坯尺寸为 $\phi55mm \times 95$ 的棒料，工件材料为 45 钢，生产数量为小批量生产，试编制零件的加工程序并加工。

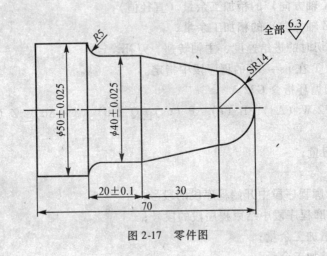

图 2-17 零件图

2. 工艺分析

（1）零件几何特点。

零件加工面主要为圆弧、球面及 $\phi40 \pm 0.025$，$\phi50 \pm 0.025$ 的外圆。内圆角、各外圆长度尺寸如图所示，表面粗糙度均为 6.3um。

（2）加工工序。

根据零件结构选用毛坯为 $\phi55mm \times 95$ 的棒料，工件材料为 45 钢。选用 CJK6136W 机床即可达到要求。

①平端面；
②外圆粗车循环切削；
③外圆精车循环切削；
④切断；
⑤各工序刀具及切削参数选择见表 2-6；

表 2-6　　　　　　　　　　刀具及切削参数选择

序号	加工面	刀具号	刀具规格		主轴转速 $n/\ (r \cdot min^{-1})$	进给速度 $v/\ (mm \cdot min^{-1})$
			类型	材料		
1	端面车削	T01	90°外圆车刀	硬质合金	500	50
2	外圆粗加工	T01	90°外圆车刀		500	100
3	外圆精车	T02	90°外圆车刀		1000	50
4	切断	T03	切断刀		400	30

⑥以外圆为定位基准，用卡盘夹紧。

3. 加工工艺过程

加工工艺过程见表2-7。

表2-7　　　　　　　　　　　　加工工艺过程

工步号	工步内容	工步图	工步说明
1	端面切削	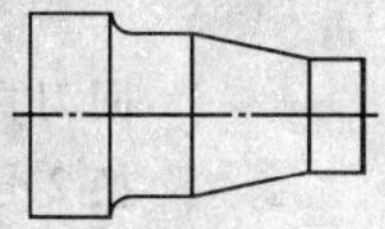	用 G94 进行
2	外圆粗车循环切削	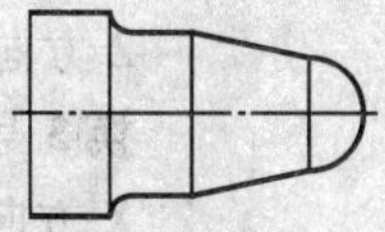	用 G71 进行，留 0.5mm 的精车余量
3	外圆精车循环切削	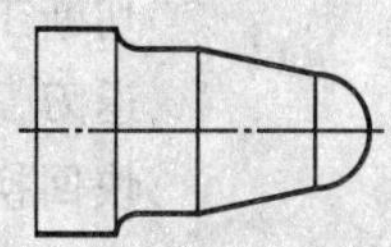	用 G70 进行，达到尺寸要求
4	用切断刀切断工件	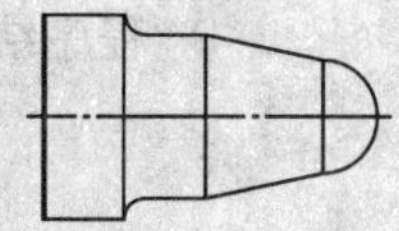	切断刀宽4mm，用 G01 切

4. 参考编程

```
              %
              O1002
N10 G00 X100 Z150           刀具换刀参考点
N20 T0100                   换1号刀
N30 M03 S500                启动主轴
N40 G00 X60 Z4              刀具加工定位
N50 G81 X0 Z0 F50           端面循环切削
N460 G00 X60 Z2             刀具加工定位
N70 G71 U2 R1 P90 Q152 X0.5 Z0.25 F100 外圆粗车循环
```

```
N90  G01 X0 F50 S1000  ⎫
N100 Z0                ⎪
N110 G03 X28 Z-14 R14  ⎬  循环起始段
N120 G01 X40 Z-44      ⎪
N130 Z-59              ⎭
N140 G02 X50 W-5 R5
N150 Z-74
N152 X60
N154 G00 X100 Z150           回刀具换刀参考点
N156 T0202                   换 2 号刀
N158 G00 X60 Z2              刀具加工定位
N170 G00 X100 Z150 S400      回刀具换刀参考点
N180 T0200                   Z 方向快回
N190 T0303                   换 3 号刀
N200 G00 X58                 X 方向定位
N210 Z-74                    Z 方向定位
N220 G01 X1 F30              切断工件
N230 X60 F200                退刀
N240 G00 X100 Z150           快回换刀参考点
N245 T0300                   取消刀补
N250 M05                     主轴停止
N260 M30                     程序结束
```

5. 其他数控系统编程提示

如采用 FUNACOI 系统，则编程格式如下：

(1) 内、外圆粗车复合固定循环指令 G71。

编程格式：

G71 U (Δd)＿R (e)＿

G71 P (ns)＿Q (nf)＿U (Δu)＿W (Δw)＿F (f)＿S (s)＿T (t)＿；

　　　Nns

　　　……

　　　Nnf

内、外圆粗车复合固定循环指令适用于内、外圆柱面需要多次走刀才能完成的轴套类零件的粗加工，毛坯为圆柱棒料。

其中，ns 表示精加工程序段的开始程序段号；

　　　nf 表示精加工程序段的结束程序段号；

　　　Δu 表示径向（X 轴方向）给精加工留的余量；

　　　Δw 表示轴向（Z 轴方向）给精加工留的余量；

　　　F 表示粗加工时的进给速度；

S 表示粗加工时的主轴转速；

T 表示粗加工时使用的刀具号。

(2) 端面粗切循环指令 G72。

编程格式：

G72 U (Δd)_R (e)_

G72 P (ns)_Q (nf)_U (Δu)_W (Δw)_F (f)_S (s)_T (t)_

其中，Δd 为背吃刀量；

e 为退刀量；

ns 为精加工轮廓程序段中开始程序段的段号；

nf 为精加工轮廓程序段中结束程序段的段号；

Δu 为 X 轴向精加工余量；

Δw 为 Z 轴向精加工余量；

f、s、t 分别为 F、S、T 代码。

(3) 封闭切削循环指令 G73。

编程格式：

G73 U (i) W (k) R (d)

G73 P (ns) Q (nf) U (Δu) W (Δw) F (f) S (s) T (t)

式中，i 为 X 轴向总退刀量；

k 为 Z 轴向总退刀量（半径值）；

d 为重复加工次数；

ns 为精加工轮廓程序段中开始程序段的段号；

nf 为精加工轮廓程序段中结束程序段的段号；

Δu 为 X 轴向精加工余量；

Δw 为 Z 轴向精加工余量；

f、s、t 分别为 F、S、T 代码。

(4) 精加工循环 G70。

编程格式：

G70 P (ns) Q (nf)

其中，ns 为精加工轮廓程序段中开始程序段的段号；

nf 为精加工轮廓程序段中结束程序段的段号。

由 G71、G72、G73 完成粗加工后，可以用 G70 进行精加工。精加工时，G71、G72、G73 程序段中的 F、S、T 指令无效，只有在 ns～nf 程序段中的 F、S、T 才有效。

6. 编程注意事项

在圆弧面加工过程中，注意刀具半径补偿的方法及操作步骤。如果在加工过程中没有使用半径补偿，可能造成较大加工误差。

三、强化训练

按下列零件图，编写程序并加工。

零件图 1：（毛坯 φ35mm×50），表面粗糙度均为 6.3。如图 2-18 所示。

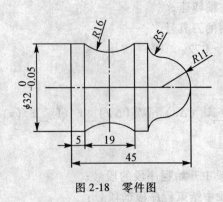

图 2-18　零件图

零件图2：（毛坯 φ55mm×70），表面粗糙度均为 6.3。如图 2-19 所示。

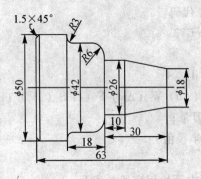

图 2-19　零件图

零件图3：（毛坯 φ35mm×40），表面粗糙度均为 6.3。如图 2-20 所示。

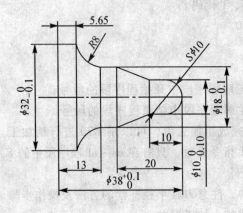

图 2-20　零件图

实训任务四　数控车床车孔

【学习背景】在数控车床上还可以进行镗孔加工。镗孔所用的代码与车外圆面是一样的，但车孔加工有其自身特点，切削参数、刀具的选择与外圆加工是不同的。本部分的主要任务是学习孔的加工技能。

【实训目标】
（1）掌握孔加工方法；
（2）掌握孔类加工刀具的几何角度和切削用量等参数的选择。

一、实训知识准备

1. 车盲孔和通孔时对刀具的要求

在数控车床上，内孔车刀与外圆车刀相比有如下特点：由于尺寸受到孔径的限制，装夹部分结构要求简单、紧凑，夹紧件最好不外露，夹紧可靠。刀杆悬臂使用，刚性差，为增强刀具刚性，应尽量选用大断面尺寸刀杆，减少刀杆长度。内孔加工的断屑、排屑可靠性比外圆车刀更为重要，因而刀具头部要留有足够的排屑空间。

孔加工过程中，刀具的角度对排屑有很大影响，孔加工刀具的刃倾角方向应根据孔的性质决定。加工通孔时，应取正值刃倾角，使切屑由孔的前方排出，以免划伤孔壁；加工盲孔时，应取负值刃倾角，使切屑向后排出，以免淤积在孔底。

2. 切削参数的选择

车内孔时，由于刀杆长，刚性差，排屑、断屑困难，其进给速度和背吃刀量应比车外圆面时小。

二、加工任务

1. 零件图

如图 2-21 所示，毛坯尺寸为 $\phi 55mm \times 45$ 的棒料，工件材料为 45 钢，生产数量为小批量生产，试编制零件的加工程序并加工。

注：外表面已加工到 $\phi 50.5mm$，小内孔已经加工到 $\phi 28mm$，大内孔已加工到 $\phi 38mm$。

2. 工艺分析

（1）零件几何特点。该零件为一套类零件，主要加工面为端面和内孔加工。内孔尺寸偏差为 0.05，表面粗糙度为 $6.3\mu m$。

（2）加工工序。选用毛坯为 $\phi 55mm$ 的棒料，材料为 45 钢。外形已加工，根据零件图样要求其加工工序为：

① 建立工件坐标系，并输入刀补值，坐标系如图 2-22 所示；
② 端面加工；

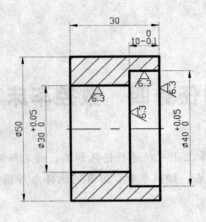

图 2-21 零件图

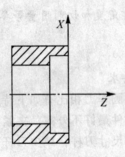

图 2-22 工件坐标系

③点孔加工，选用 ϕ3mm 中心钻；
④钻孔加工，选用 ϕ20mm 直柄麻花钻，可利用尾座手动钻；
⑤扩孔加工，选用 ϕ28mm 扩孔钻，可利用尾座手动钻；
⑥镗孔加工，先镗小孔再镗大孔；
⑦切断，选用刀宽为 4mm 的切断刀。

（3）各工序刀具及切削参数选择，见表 2-8。

表 2-8 刀具及切削参数选择

序号	加工面	刀具号	刀具规格 类型	材料	主轴转速 $n/(\text{r}\cdot\text{min}^{-1})$	进给速度 $v/(\text{mm}\cdot\text{min}^{-1})$
	端面	T01	90°外圆车刀	高速钢	500	50
	点孔加工		ϕ3mm 中心钻		800	120
	钻孔加工		ϕ20mm 麻花钻		400	80
	扩孔加工		ϕ28mm 麻花钻		400	80
	镗孔加工	T02	内孔车刀		500	60
	切断	T03	刀宽 4mm 的切断刀		400	40

说明：01 号刀为基准刀，采用试切法对刀。

3. 加工工艺过程

加工工艺过程见表 2-9。

表 2-9　　　　　　　　　　　加工工艺过程

序号	工　步	工步图	说　明
1	切端面		用 G82 车削
2	建立工件坐标系		建好工件坐标系
3	打中心孔		利用尾座用手动操作
4	钻 φ20 孔		用 φ20 麻花钻利用尾座用手动操作
5	扩 φ28 孔		用 φ28 麻花钻利用尾座用手动操作
6	外圆精车至 φ50		用 G80 车削 F50mm/min S1000r/min
7	镗孔		
8	切断		切断刀 宽度 4mm

4. 参考编程

```
%0001
N10 G00 X120 Z200          刀具换刀点
N20 T0100                  换1号刀
N30 M03 S500               启动主轴
N40 G00 X58 Z5             刀具定位
N50 G82 X0 Z0 F50          平端面
N55 G80 X50.5 Z-35 F100    加工外圆
N70 S500
N100 G80 X50 Z-35 F50      加工外圆
N110 G00 X120 Z200         回换刀点
N120 T0202                 换2号刀
N140 X28 Z5                退刀
N150 G80 X 29.5 Z-30 F60   镗内孔
N160 X39.5 Z-10            镗内孔
N170 X30 Z-30 S1000 F40    精镗内孔
N180 X40 Z-10              精镗内孔
N190 G00 X100 Z200 S400    回换刀参考点
N200 T0200                 取消2号刀补
N210 T0303                 换3号刀
N220 G00 X54 Z-34          刀具加工定位
N230 G01 X1 F30            切断工件
N240 G00 X100              退刀
N250 Z200 T0300            回换刀参考点
N260 M30                   程序结束
```

三、强化训练

零件图1：(毛坯 ϕ65mm×80)，如图2-23所示。

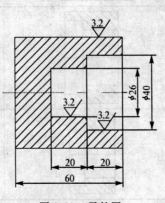

图2-23 零件图

零件图2：(毛坯 $\phi 50\text{mm} \times 45$)，如图2-24所示。

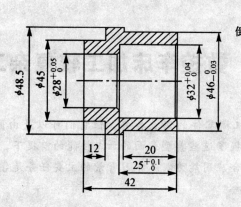

全部 $\sqrt{3.2}$

倒角均为：$1 \times 45°$

名称：套
材料：45钢
毛坯：$\phi 50 \times 45$

图2-24 零件图

零件图3：(毛坯 $\phi 65\text{mm} \times 90$)，如图2-25所示。

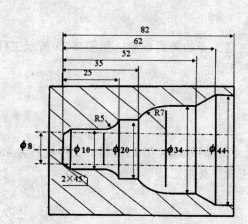

图2-25 零件图

实训任务五 数控车床加工较复杂工件

【学习背景】实际生产中，机械零件的形状各异，但它们可以是由圆柱面、圆弧面、螺纹、槽等典型面构成的。在掌握了这些典型表面的加工技能的前提下，要进一步提高技能水平，需要我们不断地提高综合应用能力。本学习背景的主要任务是学习形状复杂工件的加工技能。

【实训目标】
(1) 掌握常用复杂零件的车削加工方法及测量方法；
(2) 了解工艺装备的安装与调试常识。

一、实训知识准备

加工较复杂工件时，应注意工步的先后顺序，如图 2-25 所示工件，应按平端面、车外圆、切槽、车螺纹的顺序加工。

二、加工任务

1. 零件图

如图 2-26 所示，毛坯尺寸为 $\phi 45\text{mm} \times 70$ 的棒料，工件材料为 45 钢，生产数量为小批量生产，试编制零件的加工程序并加工。

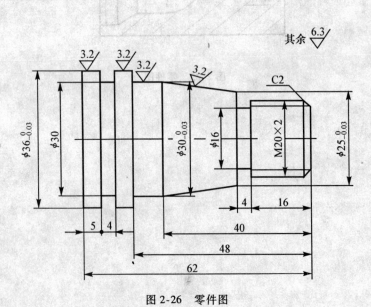

图 2-26 零件图

2. 工艺分析

(1) 零件几何特点。

该零件由外圆柱面、槽和螺纹组成,其几何形状为圆柱形的轴类零件,零件只要求径向尺寸精度为 -0.03,轴向没有要求,表面粗糙度为 3.2μm,需采用粗、精加工。

(2) 加工工序。

毛坯为 φ40 的棒料,材料为 45 钢,外形没加工,根据零件图样要求其加工工序为:

① 建立工件坐标系,并输入刀补值,坐标系如图 2-27 所示;

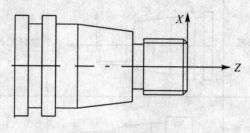

图 2-27 坐标位置确定

② 平端面,选用 90°外圆车刀,可采用 G94 指令;

③ 外圆柱面粗车,选用 90°外圆车刀,可采用 G71 指令;

④ 外圆柱面精车,选用 90°外圆车刀,可采用 G70 指令;

⑤ 切槽加工,采用刀宽为 4mm 的切断刀;

⑥ 切螺纹,采用 60°的螺纹车刀,由于 G32 指令编程麻烦,使程序加长,G76 指令参数太多,难于设置,它主要用于多次自动循环,故这里我们采用简单的 G92 循环指令;

⑦ 切断,采用刀宽为 4mm 的切断刀。

(3) 各工序刀具及切削参数选择,见表 2-10。

表 2-10　　　　　　　　刀具及切削参数选择

序号	加工面	刀具号	刀具规格		主轴转速 $n/(\mathrm{r \cdot min^{-1}})$	进给速度 $v/(\mathrm{mm \cdot min^{-1}})$
			类型	材料		
1	端面	T01	90°外圆车刀	硬质合金	500	60
2	外圆柱面与球面粗车	T01	90°外圆车刀		500	100
3	外圆柱面与球面精车	T02	90°外圆车刀		1000	40
4	外径槽	T03	切断刀(刀宽4mm)		400	40
5	切螺纹	T04	60°螺纹车刀		300	600
6	切断	T03	切断刀(刀宽4mm)		400	40

说明:01 号刀为基准刀,采用试切法对刀。

3. 加工工艺过程

具体的加工工艺过程见表 2-11。

表 2-11　　　　　　　　　　　加工工艺过程

序号	工步	工步图	说明
1	切端面		用 G94 车削
2	建立工件坐标系		建好工件坐标系
3	外圆轮廓粗车		用 G71 车削，直径方向留 0.5mm 精车余量
4	外圆轮廓精车		用 G70 车削 F40mm/min S1000r/min
5	切槽		切槽刀，宽度 4mm
6	切螺纹		用 G92 指令切削
7	切断		用 G01 指令切

4. 参考编程

```
%0005
N10  G00 X120 Z200                          换刀点
N20  T0100                                  换1号刀
N30  M03 S500                               主轴顺转
N40  G00 X44 Z4                             刀具定位
N50  G81 X0 Z0 F60                          端面切削循环
N60  G00 X44 Z2                             刀具定位
N70  G71 U2 R1 P90 Q165 U0.5 W0.25 F100    轮廓粗车循环
N90  G01 X12 F40 S1000
N100 X20 Z-2
N110 G01 Z-20
N120 X25
N130 X30 Z-40
N140 Z-48
N150 X36
N160 Z-67
N165 X42
N170 G00 X100                               换刀点
N180 Z150                                   换刀点
N190 T0202                                  换2号刀
N200 G00 X44 Z2                             刀具定位
N220 G00 X100 S400                          换刀点
N230 Z150                                   换刀点
N240 T0200                                  取消2号刀补
N250 T0303                                  换3号刀
N260 G00 X30 Z-20                           刀具定位
N270 G01 X16
N280 G04 X2                                 暂停2秒
N290 G01 X34 F150
N300 G00 X40                                刀具定位
N310 Z-57
N320 G01 X30 F40
N330 G04 X2                                 暂停2秒
N340 G01 X40 F150
N390 G00 X100                               换刀点
N400 Z150 T0300                             取消3号刀补
N410 T0404                                  换4号刀
N420 G00 X26 Z3                             刀具定位
```

N430 G82 X19.1 Z-18.5 F2　　　　　　　螺纹切削循环
N440 X18.5
N450 X17.9
N460 X17.5
N470 X17.4
N475 X17.4
N480 G00 X100　　　　　　　　　　　　换刀点
N490 Z150 T0400　　　　　　　　　　　 取消4号刀补
N500 T0303　　　　　　　　　　　　　　换3号刀
N510 G00 X40 Z-66　　　　　　　　　　 刀具定位
N520 G01 X1 F40
N530 X40 F150
N540 G00 X100 Z150　　　　　　　　　　换刀点
N550 T0300　　　　　　　　　　　　　　取消3号刀补
N560 M05　　　　　　　　　　　　　　　主轴停止
N560 M30　　　　　　　　　　　　　　　程序结束

三、强化训练

零件图1：(见图2-28)

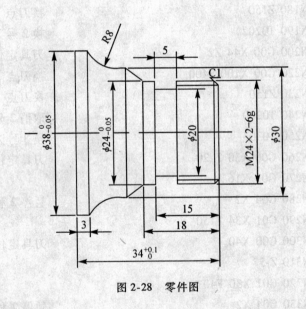

图2-28　零件图

零件图2：(见图2-29)

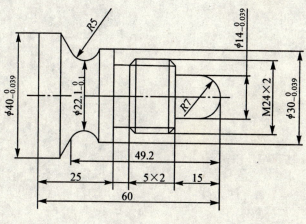

图 2-29 零件图

零件图 3：(见图 2-30)

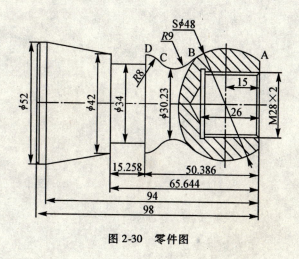

图 2-30 零件图

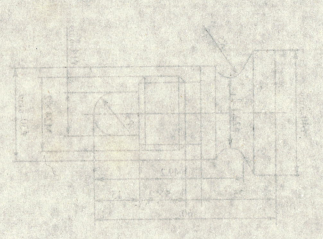

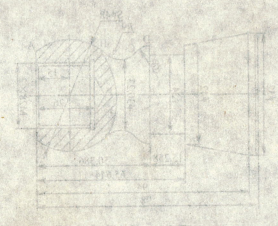

第三篇

数控铣床、加工中心实训项目

在实际应用中，我们所说的加工中心通常指数控铣削加工中心，即带有自动换刀装置和刀库的数控铣床。数控铣削加工中心能在加工过程中自动更换刀具，连续地对工件各加工表面自动进行钻削、扩孔、镗孔、攻丝和铣削等，因此可以在一次装夹中完成较多的加工步骤。数控铣削加工中心的操作包括了数控铣床的全部操作内容，在本篇，我们以数控铣削加工中心的操作与加工为主要内容组织实训项目。

实训任务一　平面轮廓加工训练

【学习背景】在实际生产中，存在大量非回转体零件，如箱体类零件、板状零件、盘零件等。该类零件的加工大部分可以采用铣削加工的方式完成。非回转体零件中，平面是最基本的组成部分，而且各种加工基准也大多数是平面，因此平面轮廓的加工技术是铣床和加工中心操作工的必备技能。

【实训目标】

（1）熟悉数控铣床/加工中心的加工工艺路线；

（2）能合理选择平面轮廓加工刀具、切削用量等工艺参数；

（3）能正确安装工件与刀具；

（4）能正确运用铣床的半径补偿功能完成平面轮廓的加工；

（5）能熟练操作数控铣床/加工中心完成加工任务。

一、实训知识准备

1. 数控铣床和加工中心的安全操作规程

（1）操作前的安全操作规程。

①零件加工前，一定要先检查机床是否能正常运行，可以通过试车的办法来进行检查；

②在操作机床前，请仔细检查输入的数据，以免引起误操作；

③确保指定的进给速度与操作所要的进给速度相适应；

④当使用刀具补偿时，请仔细检查补偿方向与补偿量；

⑤CNC与PMC参数是机床厂设置的，通常不需要修改，如果必须修改参数，在修改前请确保对参数有深入全面的了解；

⑥机床通电后，CNC装置尚未出现位置显示或报警画面前，请不要碰MDI面板上的任何键，MDI上的有些键专门用于维护和特殊操作。在开机的同时按下这些键，可能使机床产生数据丢失等误操作。

（2）机床操作过程中的安全操作规程。

①手动操作。当手动操作机床时，要确定刀具和工作的当前位置并保证正确指定了运动轴、方向和进给速度；

②手动返回参考点。机床通电后，请务必先执行手动返回参考点操作。如果机床没有执行手动返回参考点操作，机床的运动将不可预料；

③手轮进给。在手轮进给时，一定要选择正确的手轮进给倍率，过大的手轮进给倍率容易产生刀具或机床的损坏；

④工件坐标系。手动干预、机床锁住或镜像操作都可能移动工件坐标系，用程序控制机床前，请先确认工件坐标系；

⑤空运行。通常使用机床空运行来确认机床运行的正确性，在空运行期间，机床以空运行的进给速度运行，这与程序输入的进给速度不一样，且空运行的进给速度要比编程用的进给速度快得多；

⑥自动运行。机床在自动执行程序时，操作人员不得撤离岗位，要密切注意机床、刀具的工作状况，根据实际加工情况调整加工参数。一旦发现意外情况，应立即停止机床动作。

（3）与编程相关的安全操作规程。

①坐标系的设定。如果没有设置正确的坐标系，尽管指令是正确的，机床也可能并不按你想像的动作运动；

②米、英制的转换。在编程过程中，一定要注意米制和英制的转换，使用的单位制式一定要与机床当前使用的单位制式相同；

③回转轴的功能。当编制极坐标插补或法线方向（垂直）控制时，请特别注意旋转轴的速度。回转轴转速不能过高，如果工件安装不牢，则会由于离心力过大而甩出工件，引起事故；

④刀具补偿功能。在补偿功能模式下，发生基本机床坐标系的运动命令或参考点返回命令，补偿应暂时取消，这可能会导致机床不可预想的运动。

（4）关机时的注意事项。

①确认工件已加工完毕；

②确认机床的全部运动均已完成；

③检查工作台面是否远离行程开关；

④检查刀具是否取下，主轴锥孔内是否已清洁并涂上油脂；

⑤检查工作台面是否已清洁；

⑥关机时要求先关系统电源再关机床电源。

2. 数控铣床/加工中心的定期维护检查

数控铣床/加工中心的定期维护检查项目见表3-1。

表 3-1　　　　　　　　　　定期维护检查顺序及内容

序号	检查周期	检查部位	检查要求
1	每天	导轨润滑站	检查油标、没量,及时添加润滑油,润滑泵能定时启动打油及停止
2	每天	X、Y、Z轴及各回转轴的导轨	清除切屑及脏物,检查润滑油是否充分,导轨面有无划伤损坏
3	每天	压缩空气气源	检查气动控制系统压力,应在正常范围内
4	每天	机床进气口的空气干燥器	及时清理分水器中滤出的水分,保证自动空气干燥器工作正常
5	每天	气液转换器和增压器	检查油面高度,不够时及时补足油
6	每天	主轴润滑恒温油箱	工作正常,油量在调节范围内
7	每天	机床液压系统	油箱、液压泵无异常噪声,压力表指示正常,管路及各接头无泄漏,油面高度正常
8	每天	主轴箱液压平衡系统	平衡压力指示正常,快速移动时平衡工作正常
9	每天	数控系统的输入/输出单元	输入/输出单元表面清洁,各按键灵敏
10	每天	电气柜通风散热装置	电气柜冷却风扇工作正常,风道过滤网无堵塞
11	每天	各种防护装置	导轨、机床防护罩等应无松动、漏水
12	一周	电气柜进气过滤网	清洗电气柜进气过滤网
13	半年	滚珠丝杠螺母副	清洗丝杠上旧的润滑脂,涂上新油脂
14	半年	液压油路	清洗溢流阀、减压阀、过滤器,清洗油箱,更换或过滤液压油
15	半年	主轴润滑恒温油路	清洗过滤器,更换润滑脂
16	每年	检查、更换直流伺服电动机电刷	检查换向器表面,吹净碳粉,去除毛刺,更换长度过短的电刷,并应磨合后才能使用
17	每年	润滑油泵、过滤器等	清理润滑油池,更换过滤器
18	不定期	导轨上镶条、压紧滚轮、丝杠	按机床说明书调整镶条
19	不定期	冷却水箱	检查液面高度,切削液太脏时需要更换并清理水箱,经常清洗过滤器
20	不定期	排屑器	经常清理切屑,检查有无卡住
21	不定期	清理油池	及时取走滤油池中的旧油,以免外溢
22	不定期	调整主轴驱动带松紧	按机床说明书调整

3. 数控铣床/加工中心的工艺知识

（1）数控加工流程。

详细的数控加工流程如图 3-1 所示。

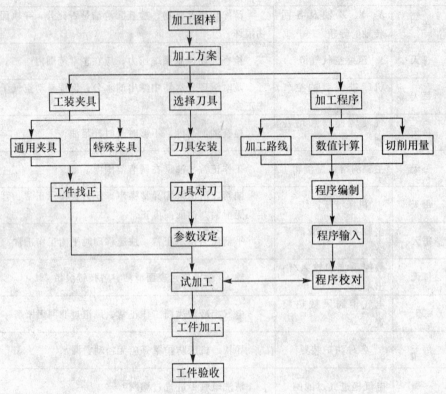

图 3-1　数控加工流程图

（2）零件铣削加工方案的确定。

①加工顺序安排的原则：

- 基面先行。用作精基准的表面应优先加工出来，因为定位基准的表面越精确，装夹误差就越小；
- 先粗后精。各个表面的加工顺序按照"粗加工→半精加工→精加工→精密加工"的顺序依次进行，逐步提高表面的加工精度和减小表面粗糙度值；
- 先主后次。零件的主要工作表面、装配基面应先加工，从而能及早发现毛坯中主要表面可能出现的缺陷。次要表面可以穿插进行，放在主要加工表面加工到一定程度后，精加工之前进行；
- 先面后孔。箱体、支架类零件，平面轮廓尺寸较大，一般先加工平面，再加工孔和其他尺寸，这样安排加工顺序，一方面用加工过的平面定位，稳定可靠；另一方面在加工过的平面上加工孔，比较容易，并能提高孔的加工精度，特别是钻孔时孔的轴线不易偏斜。

②平面类轮廓加工方法的选择。

平面类轮廓加工方法的选择要结合零件的形状、尺寸、批量、毛坯材料及毛坯热处理等情况合理选用。如图 3-2 所示。

平面轮廓由直线和圆弧或各种曲线构成。若被加工平面与装夹基准的平面平行或垂直,通常在三坐标铣床上采用两轴半联动加工(所谓两轴半联动是指 X、Y、Z 三轴中任意二轴作联动插补,第三轴作单独周期性进给的一种联动方式)。

若被加工平面与水平面成一固定夹角,且零件尺寸不大时,可用斜垫铁垫平后进行加工,也可将主轴摆成相应的角度进行加工(机床主轴必须可以摆动);若零件批量较大,则可以用专用夹具或成形铣刀进行加工;还可用立铣刀、球头铣刀等以直线或圆弧插补形式进行分层铣削加工。

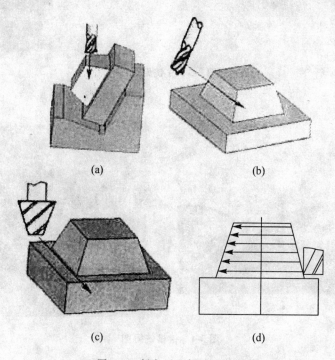

图 3-2 斜角平面加工示意图

(3) 数控铣床/加工中心加工刀具的选择。

轮廓类加工刀具主要有立铣刀、键槽铣刀、面铣刀和成形铣刀等。常用的主要是立铣刀和键槽铣刀。

①立铣刀。立铣刀是数控机床上用得最多的一种铣刀,如图 3-3 所示。立铣刀的圆柱表面和端面上都有切削刃,圆柱表面的切削刃是主切削刃,一般为螺旋齿,可增加切削的平稳性,提高加工精度;圆柱端面的切削刃为副切削刃,主要用来加工与侧面相垂直的底平面。普通立铣刀端面中心无切削刃,故立铣刀一般不能做轴向进给运动。

②键槽铣刀。键槽铣刀外形酷似立铣刀,如图 3-4 所示。但键槽铣刀的端刃过中心,一般为两齿,也有三齿形式。键槽铣刀加工时先轴向进给到槽深,然后沿键槽方向铣出键槽全长。键槽铣刀直径的精度要求较高,其偏差有 e8 和 d8 两种。键槽铣刀重磨时,只需刃磨端面切削刃,因此重磨后铣刀直径不变。

在实际生产中,加工平面零件周边轮廓时,常采用立铣刀;铣削平面时,应选择硬质

图 3-3 立铣刀图

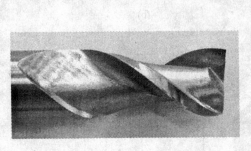

图 3-4 键槽铣刀图

合金刀片面铣刀;加工凸台、凹槽时,选取高速钢立铣刀;对一些立体形面和变斜角轮廓外形的加工,常采用球头铣刀等成形刀。如图 3-5 所示。

(4) 切削用量的选用。

①切削用量的选用原则。合理的切削用量可充分利用刀具的切削性能和机床性能,在保证加工质量的前提下,获得高生产率和低加工成本。

粗加工时,根据刀具切削性能和机床性能选择,尽量保证较高的金属切除率和必要的刀具寿命。因此,选择切削用量时优先选取尽可能大的背吃刀量,再根据机床动力和刚性,选取尽可能大的进给量,最后根据刀具寿命要求,确定合适的切削速度(参照每种刀具的推荐切削用量表)。

精加工时,根据零件的加工精度和表面质量选择,参照刀具的推荐切削用量表,优先选择较高的切削速度,再确定合适的进给量和背吃刀量。

②切削用量的选取方法。背吃刀量的选择:在中等功率机床上,粗加工的背吃刀量可达 8~10mm;半精加工的背吃刀量取 0.5~5mm;精加工的背吃刀量取 0.2~1.5mm。粗

图 3-5 球头铣刀与面铣刀图

加工时主要考虑机床的刚性和刀具强度。切削表面有硬皮的铸锻件时,应尽量使背吃刀量大于硬皮层的厚度,以保护刀尖。

进给量的确定:粗加工时主要根据机床进给机构的强度和刚性、刀杆的强度和刚性、刀具材料、刀杆和工件尺寸以及已选定的背吃刀量等因素来确定;精加工时,按表面粗糙度要求、刀具及工件材料等因素来确定。

切削速度的确定:可根据刀具企业提供在刀具外包装上的推荐切削用量表选取。表 3-2 为成都成量集团有限公司生产的球头立铣刀外包装上的推荐切削用量表。

表 3-2 整体硬质合金铣刀及整体硬质合金球头立铣刀推荐切削用量表

切削用量 工件材料	切削用量 m/min	每齿进给量 mm/齿	
		$d < 6$	$d > 6$
铸铁	24 ~ 153	0.08 ~ 0.50	0.20 ~ 0.78
球墨铸铁	24 ~ 122	0.005 ~ 0.025	0.025 ~ 0.050
可锻铸铁	122 ~ 183	0.005 ~ 0.025	0.025 ~ 0.076
普通碳钢	30 ~ 75	0.005 ~ 0.025	0.025 ~ 0.076
不锈钢	90 ~ 150	0.013 ~ 0.025	0.025 ~ 0.050
钛合金	30 ~ 60	0.005 ~ 0.013	0.025 ~ 0.100
镍合金	15 ~ 30	0.005 ~ 0.050	0.020 ~ 0.025
铝合金	173 ~ 365	0.005 ~ 0.050	0.050 ~ 0.102
黄铜青铜	60 ~ 107	0.013 ~ 0.050	0.050 ~ 0.070

切削速度 v_c(m/min)确定后,可根据刀具或工件直径 D(mm)按公式 $n = 1000v_c/\pi D$ 来确定主轴转速 n(r/min)。

(5) 工件的装夹与校正。

①平口虎钳与压板的使用。

平口虎钳:平口虎钳具有较大的通用性和经济性,适用于尺寸较小方形工件的装夹。

常用精密平口虎钳如图 3-6 所示。采用平口虎钳装夹工件时，要根据工件的切削高度在平口虎钳内垫上合适的高精度平行垫铁，以保证工件在切削过程中不会产生受力移动。

图 3-6 精密平口虎钳

压板：对于大型工件，无法采用平口虎钳或其他夹具装夹时，可直接采用压板进行装夹。加工中心压板通常采用 T 形螺母与螺栓的夹紧方式。在具体装夹时，应使垫铁的高度略高于工件，以保证夹紧效果；压板螺栓应尽量靠近工件，以增大压紧力；压紧力要适中，或在压板与工件表面安装软材料垫片，以防工件变形或工件表面受到损伤；工件不能在工作台面上拖动，以免工作台面划伤。

校正：工件在使用平口虎钳或压板装夹过程中，应对工件进行找正，找正方法如图 3-7 所示。找正时，将百分表用磁性表座固定在主轴上，百分表触头接触工件，在前后或左右方向移动主轴，从而找正工件上下表面与工件台面的平行度。同样在侧平面内移动主轴，找正工件侧面与轴向进给方向的平行度。如果不平行，则可用铜棒或木槌轻敲工件或垫塞尺的办法进行纠正，然后再重新进行找正。

②卡盘的使用。

数控铣床/加工中心上使用较多的是三爪自定心卡盘（如图 3-8 所示）和四爪单动卡盘。特别是三爪自定心卡盘，由于其具有自动定心作用和装夹简单的特点，因此，加工中小型圆柱形工件时，常采用三爪自定心卡盘进行装夹。使用卡盘时，通常用压板将卡盘压紧在工件台面上，使卡盘轴心线与主轴平行。

三爪自定心卡盘装夹圆柱形工件找正时，将百分表固定在主轴上，触头接触外圆侧母线，上下移动主轴，根据百分表的读数用铜棒或木槌轻敲工件进行调整，当主轴上下移动过程中百分表读数不变时，表示工件母线平行于 Z 轴。

在加工具有固定角度或角向平均分配的零件时，常采用分度头来进行装夹。如图 3-9 和图 3-10 所示。

图 3-7 工件找正

图 3-8 三爪自定心卡盘

单件、小批量工件通常采用上述通用夹具进行装夹，装夹后要进行找正才能加工；中小批量工件和大批量工件的装夹，可采用组合夹具、专用夹具或成组夹具进行装夹，通常无需进行找正即可直接加工。

图 3-9 数控分度头　　　　　　　　图 3-10 手动分度头

4. 数控铣床/加工中心数控编程的知识

(1) 数控铣床/加工中心的编程特点与要求。

①数控铣床/加工中心的编程特点：

- 为了方便编程中的数值计算，在数控铣床/加工中心上的编程中广泛采用刀具半径补偿来进行编程；
- 为适应数控铣床的加工需要，对于常见的镗孔、钻孔切削加工动作，可采用数控系统本身具备的固定循环功能来实现，以简化编程；
- 大多数的数控铣床都具备镜像加工、比例缩放等特殊编程指令以及极坐标编程指令，以提高编程效率，简化程序。

②数控铣床/加工中心的编程要求：

- 在加工中心上加工的零件工序较多，使用的刀具种类复杂，在一次装夹下可以完成粗加工、半精加工、精加工的所有工序，所以在加工中心编程前要进行合理的工艺分析，周密安排各工序的加工顺序，以提高加工效率与加工精度；
- 根据加工批量的大小，决定采用自动换刀还是手动换刀。对于单件或很小批量的工件加工，一般采用手动换刀。而对于批量大于 10 件且刀具更换频繁的工件加工，一般采用自动换刀；
- 程序中要注意自动换刀点位置的合理选择，在退刀与自动换刀过程中要避免刀具、工件、夹具的碰撞事故；
- 在对刀过程中尽可能采用机外对刀，并将测量尺寸填写到刀具卡片上，以便在运行程序前及时修改刀具补偿参数，从而提高机床效率；
- 尽量将不同工序内容的程序分别安排到不同的子程序中，以便于对每一独立的工序进行单独的调试，也便于因加工顺序不合理重新调整加工程序。在主程序中主要完成换刀及子程序的调用。

(2) 数控铣床/加工中心的坐标系。

①机床坐标系。

机床坐标系：为确保机床的运动方向和移动距离，在机床上建立的坐标系，也叫标准坐标系。在机床坐标系中，假定工件是静止的，编程中按照刀具相对工件的运动来进行，刀具远离工件为正。

机床原点：机床原点是机床上设置的一个固定的点即机床坐标系的原点。它是在机床装配、调试时已调整好的，一般情况下不允许用户进行更改。机床原点是数控机床加工运动的基准参考点。

机床参考点：机床参考点是机床上一个特殊位置点，由系统设置的机械挡块来确定，一般情况下，机床参考点与机床原点是重合的。

对于大多数数控机床，开机第一步总是先使机床返回参考点（即所谓的机床回零）。机床回零的目的就是建立机床坐标系。

② 工件坐标系。

工件坐标系：针对某一工件，根据零件图样建立的坐标系称为工件坐标系（亦称编程坐标系）。

工件坐标系原点：指工件装夹完成后，选择工件上的某一点作为编程或工件加工的原点。

工件坐标系原点的选择：
- 工件坐标系原点应选在零件图的基准尺寸上，以便于坐标值的计算，减少错误；
- 工件坐标系原点应尽量选在精度较高的工件表面上，以提高被加工零件的加工精度；
- Z 轴方向上的工件坐标系原点一般取在工件的上表面；
- 当工件对称时，一般以工件的对称中心作为 XY 平面的原点；
- 当工件不对称时，一般取工件其中的一个垂直交角处作为工件原点。

(3) 数控铣床/加工中心的对刀。

在加工中心上加工零件，由于工件在机床上的安装位置是任意的，要正确执行加工程序，必须确定工件在机床坐标系中的确切位置。对刀就是找出工件坐标系与机床坐标系空间关系的操作过程。简单地说，对刀就是告诉机床工件在机床工件台的什么地方。

数控铣床的对刀内容包括基准刀具的对刀和各个刀具相对偏差的测定两部分。对刀时，先从某零件加工所用到的众多刀具中选取一把作为基准刀具，进行对刀操作；再分别测出其他各个刀具与基准刀具刀位点的位置偏差值，如长度、直径等，再将偏差值存入刀具数控库。

对刀操作应先进行机床回零。具体对刀装置有定心锥轴（写小孔的中心）、百分表、各类寻边器和对刀仪等。

(4) 平面轮廓加工常用编程指令。

① 快速定位指令（G00）。

G00 X_ Y_ Z_ ；

X_ Y_ Z_ 为刀具目标点坐标值，不运动的坐标可以不写。

② 直线进给指令（G01）。

G01 X_ Y_ Z_ F_ ；

X_ Y_ Z_ 为刀具目标点坐标。当使用增量方式时，X_ Y_ Z_ 为目标点相对于起始点的增量坐标，不运动的坐标可以不写。F_ 为刀具切削进给的速度。

③ 圆弧插补指令（G02、G03）。

G17 G02（G03）X_ Y_ R_ （I_ J_）F_ ;
G18 G02（G03）X_ Z_ R_ （I_ K_）F_ ;
G19 G02（G03）Y_ Z_ R_ （J_ K_）F_ ;

G17、G18、G19 指令设定加工平面分别为 XY 平面、XZ 平面和 YZ 平面。机床启动时默认的加工平面是 G17。

G02 表示顺时针圆弧插补；G03 表示逆时针圆弧插补。

圆弧插补既可以用圆弧半径 R 指令编程，也可用 I、J、K 指令编程。在同一程序段中 I、J、K、R 同时指令时，R 优先，I、J、K 指令无效。当用 R 指令编程时，如果加工圆弧段所对的圆心角小于或等于 180°时，R 取正值；当圆弧圆心角大于 180°时，R 取负值。I、J、K 为圆弧的圆心相对其起点的坐标增量。

X_ Y_ Z_ 为圆弧的终点坐标值，可以是绝对坐标，也可以是增量坐标，若同时省略，表示起点、终点重合。

④工件坐标系原点偏移及取消指令（G54~G59）。

G54：选择工件坐标系（一般通过对刀操作及对机床面板的操作，输入不同的偏置值，可以设定 G54~G59 共 6 个不同的工件坐标系）。

G53：取消工件坐标系，选择机床坐标系。

⑤程序结束指令（M02、M30）。

M02 表示加工程序所有内容均已完成，程序结束。

M30 表示程序内容结束后，关闭主轴、切削液等所有机床动作，程序返回起始点。一般程序结束用 M30。

⑥主轴功能指令（M03/M04/M05）。

M03 表示主轴正转；M04 表示主轴反转；M05 表示主轴停止。

⑦输入数据单位设定指令（G20/G21/G22）。

系统默认为 G21，公制单位；G20 设定为英制单位；G21 设定为脉冲当量。

⑧绝对和增量编程设定（G90/G91）。

系统默认为 G90，绝对坐标编程；G91 设定为相对坐标编程（也称为增量坐标编程）。

⑨F、S 功能。

F 功能是用于控制刀具相对工件的进给速度，其单位由 G94/G95 指定（G94 指定 F 的单位为 mm/min，G95 指定 F 的单位为 mm/r）。S 功能用于控制主轴的转速。

⑩切削液开关指令（G08/G09）。

G08 表示切削液开，G09 表示切削液关。

(5) 刀具补偿功能的使用。

①刀具补偿功能。

在数控编程过程中，为了编程人员编程方便，通常将数控刀具假想成一个点，该点称为点或刀尖点。立铣刀、面铣刀等的刀位点指刀具底面的中心；球头铣刀的刀位点指球头的中心。

②刀具长度补偿。

使用刀具长度补偿功能，可以在当实际使用刀具与编程时估计的刀具长度有出入时，或刀具磨损后刀具长度变短时，不需要重新改动程序或重新进行对刀调整，仅只需改变刀具数控库中刀具长度补偿量即可。刀具长度补偿指令有 G43、G44 和 G49 三个，其使用格式如下：

G43（G44）H_：刀具长度正补偿 G43、负补偿 G44，H 为刀具长度补偿号。

G49：取消刀具长度补偿。

具体刀具长度补偿应用如图 3-11 所示。

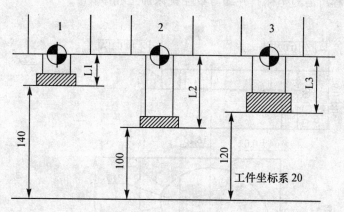

图 3-11　刀具长度补偿的应用

③刀具半径补偿。

使用刀具半径补偿可使编程人员直接按轮廓编程而不需要考虑刀具的实际形状；还可在加工时改变补偿值使粗、精加工使用同一程序段或加工同一公称直径的凹、凸型面。刀具半径补偿指令有 G40、G41 和 G42 三个，其使用格式如下：

G41（G42）D_：刀具半径左补偿 G41、右补偿 G42，D 为刀具半径补偿号。

G40：取消刀具半径补偿。

具体刀具半径补偿应用如图 3-12 所示。

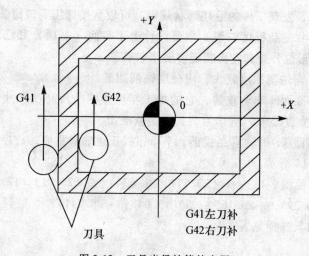

图 3-12　刀具半径补偿的应用

二、实训内容(平面轮廓零件的加工)

1. 零件图(加工任务)

如图 3-13 所示,凸台毛坯,尺寸 74×74×35,工件材料 45 钢,要求制订正确的工艺方案(定位夹紧,选择刀具,切削参数,工艺路线),可以用手工几何计算或计算机绘图软件计算工件编程所需的坐标,并编写数控铣床加工程序。

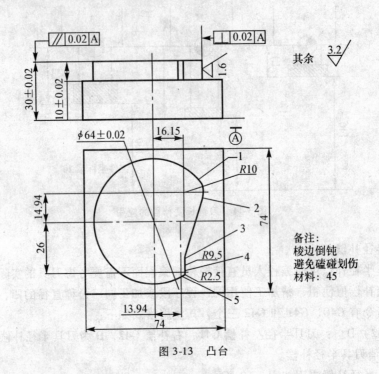

图 3-13 凸台

2. 工艺分析

(1) 通过读图,发现工件的毛坯形状规则,可以直接选用平口钳装夹。

(2) 工件的形状复杂程度一般,主要设计上下表面(平面)和凸台轮廓加工,且被加工部分的尺寸、形位公差和轮廓粗糙度要求较高。

(3) 工件的 Z 向铣削深度较大,应分层铣削加工。

(4) 工件的基准面 A 非常重要,它的加工精度影响凸台高度尺寸公差、上表面平行度公差和轮廓的垂直度公差,应作为装夹定位基准面。

(5) 加工要保证 X、Y 轴零点找正,平口钳找正也非常重要,程序零点设定在工件上表面中心。如图 3-14 所示。

坐标点索引(见图 3-13):1 (23.579, 21.634)、2 (25.713, 12.016)、3 (16.165, -19.213)、4 (16.296, -25.165)、5 (15.048, -28.241)

(6) 工序及刀具选择见表 3-3。

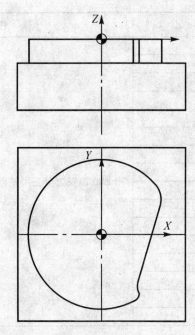

图 3-14 凸台毛坯

表 3-3　　　　　　　　　　　　　工序及刀具选择

序号	工序内容	刀具			主轴转速 $n/(\mathrm{r\cdot min^{-1}})$	进给速度 $f/(\mathrm{mm\cdot min^{-1}})$
		刀号	类型	材料		
1	平面铣削	T01	φ80 面铣刀	硬质合金	400	170
2	粗铣 φ64 外圆	T02	φ20 立铣刀	高速钢	600	100
3	半精加工凸台轮廓	T03	φ16 立铣刀	硬质合金	1200	180
4	精加工凸台轮廓	T03	φ16 立铣刀	硬质合金	1500	300

（7）为简化编程，可采用刀具半径补偿功能来进行粗精加工。

3. 参考程序单

参考程序单见表 3-4。

表 3-4　　　　　　　　　　　　　程序参考单

程序内容	注　释
O3001	平面加工
G54G90G17G80G40G49G21	程序初始化，选择工件坐标系，定义刀具初始位置
G0X0Y0Z100	

续表

程 序 内 容	注 释
N10 M3S400	
N20G43G0Z10H01M8	
N30X85	
N40G1Z-2F500	
N50X-85F170	
N60Z10500	
N70G0X85	
N80G1Z-4F500	用 φ80 面铣刀分三层铣削工件上表面
N90X-85F170	
N100Z10F500	
N110G0X85	
N120G1Z-5F500	
N130X-85F170	
N140Z10500	
N150G49G00X0Y0Z100M9	
N160M5	
M30	
O3002	粗铣 φ64 外圆
G54G90G17G80G40G49G21	程序初始化,选择工件坐标系,定义刀具初始位置
G0X0Y0Z100	
N170M3S600	
N180G43G00H02Z10M8	
N190G0X50Y-50	
N200G1Z-10F500	
N210G41Y-32D02	
N220G1X0F100	
N230G2X0Y-32I0J32F100	用 φ20 立铣刀粗铣 φ64 外圆
N240G0X-50	
N250G40Y-50	
N260Z10	
N270G49G0X0Y0Z100	
N280M9M5	
M30	
O3003	粗精加工凸台轮廓

续表

程序内容	注　释
G54G90G17G80G40G49G21	程序初始化，选择工件坐标系，定义刀具初始位置
G0X0Y0Z100	
N290M3S1200	
N300G43G0Z10H03M8	
N310G0X50Y-50	
N320G1Z-10F500	
N330G41Y-32D03	
N340G1X0F180	
N350G2X23.579Y21.634R32	
N360G2X25.713Y12.016R10	
N370G1X16.165Y-19.213	用 φ16 立铣刀粗精铣凸台轮廓
N380G3X16.296Y-25.165R9.5	
N390G2X15.048Y-28.241R2.5	
N400G2X0Y-32R32	
N410G1X-50	
N420G40Y-50	
N430Z10	
N440G49G0X0Y0Z100	
N450M5M9	
N460G91G28Y0Z0	Y，Z 轴回参考点
N470M30	程序结束

4. 机床操作

①启动机床，回参考点；
②输入程序并检查校验；
③安装平口钳，需找正；
④对刀，输入相关数据；
⑤首件试切加工。

三、强化训练

(1) 使用毛坯尺寸 74×74×35 方料，工件材料 45 钢，如图 3-15 所示。
(2) 使用毛坯尺寸 74×74×35 方料，工件材料 45 钢，如图 3-16 所示。

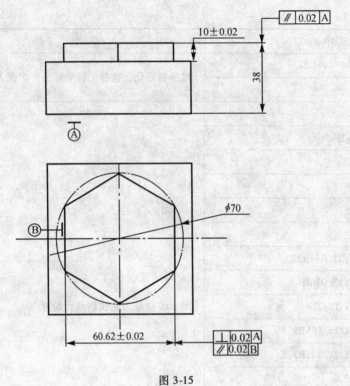

图 3-15

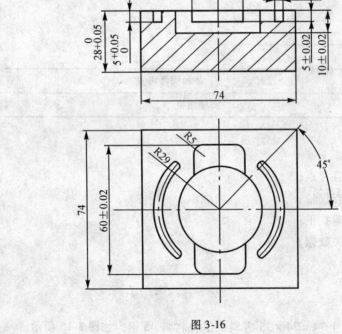

图 3-16

实训任务二 曲面加工训练

【学习背景】 曲面加工是应用数控铣床加工模具的入门方法,也是学习自动编程的基础。本实训项目采用平口钳装夹进行曲面特征表面零件的加工,保证精度、尺寸公差和表面粗糙度(IT8,表面粗糙度 Ra3.2),为进行自动编程分析刀路做好相关准备。

【实训目标】

(1) 掌握简单曲面加工路线的设计;
(2) 能合理选择球头铣刀及相关切削参数;
(3) 掌握子程序的嵌套使用;
(4) 能合理设计步距。

一、实训知识准备(铣削曲面类零件的加工路线)

在机械加工中,常会遇到各种曲面类零件,如模具、叶片螺旋桨等。由于这类零件型面复杂,需用多坐标联动加工,因此多采用数控铣床、数控加工中心进行加工。

1. 直纹面加工

对于边界敞开的直纹曲面,加工时常采用球头刀进行"行切法"加工,即刀具与零件轮廓的切点轨迹是一行一行的,行间距按零件加工精度要求而确定,如图 3-17 所示的发动机大叶片,可采用两种加工路线。采用图 3-17(a)的加工方案时,每次沿直线加工,刀位点计算简单,程序少,加工过程符合直纹面的形成,可以准确保证母线的直线度。当采用图 3-17(b)所示的加工方案时,符合这类零件数据给出情况,便于加工后检验,叶形的准确度高,但程序较多。由于曲面零件的边界是敞开的,没有其他表面限制,所以曲面边界可以延伸,球头刀应由边界外开始加工。

2. 曲面轮廓加工

立体曲面加工应根据曲面形状、刀具形状以及精度要求采用不同的铣削方法。两坐标联动的三坐标行切法加工 X、Y、Z 三轴中任意二轴作联动插补,第三轴做单独的周期进刀,称为二轴半坐标联动。如图 3-18 所示,将 X 向分成若干段,圆头铣刀沿 YZ 面所截的曲线进行铣削,每一段加工完成进给 ΔX,再加工另一相邻曲线,如此依次切削即可加工整个曲面。在行切法中,要根据轮廓表面粗糙度的要求及刀头不干涉相邻表面的原则选取 ΔX。行切法加工中通常采用球头铣刀。球头铣刀的刀头半径应选得大些,有利于散热,但刀头半径不应大于曲面的最小曲率半径。用球头铣刀加工曲面时,总是用刀心轨迹的数据进行编程。图 3-19 为二轴半坐标加工的刀心轨迹与切削点轨迹示意图。

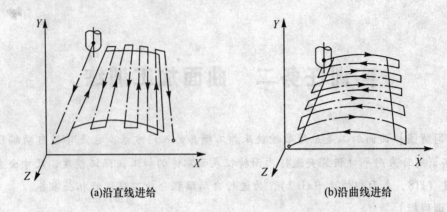

(a)沿直线进给　　　　　　　　　　(b)沿曲线进给

图 3-17　直纹曲面的加工路线

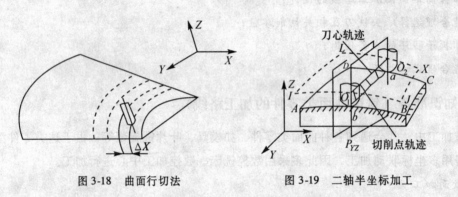

图 3-18　曲面行切法　　　　图 3-19　二轴半坐标加工

3. 杠杆百分表的使用

杠杆百分表主要用于相对测量，可单独使用。它通过各种机械传递装置，将测杆的微小直线位移转变为指针的角位移，指出相应的被测量值，如图 3-20 所示。

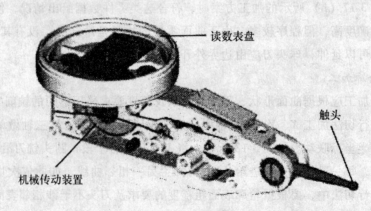

图 3-20　百分表

使用注意事项：

①测头移动要轻缓，距离不要太大，更不能超量程使用；
②测量杆与被测面的相对位置正确，防止产生较大的误差；
③表体不得猛烈震动，被测表面要相对光滑，不能太粗糙，以免造成精密机械传动部件损坏。

4. 子程序应用

在编制加工程序中，有时会出现有规律、重复出现的程序段。将程序中重复出现的程序段单独抽出，并按一定格式单独命名，称之为子程序。

（1）采用子程序的意义：
① 使复杂程序结构明晰；
② 使程序简短；
③ 增强数控系统编程功能。

（2）子程序调用的指令格式：

M98 P_____ L_____

① P 后接被调用的子程序程序号；
② L 后接重复调用的次数，若单次调用指令，L 可省略；
③ 子程序号是调用入口地址，必须和主程序中的子程序调用指令中所指向的程序号一致；
④ 子程序结束：M99。

（3）主—子程序调用时注意：
① 应用子程序指令的加工程序，在程序校验试切阶段应特别注意机床的安全问题；
② 子程序多是增量编程方式，应注意程序是否闭合以及累计误差对零件加工精度的影响；
③ G90/G91 的转换要特别注意，防止运动干涉；
④ 找出重复程序段规律，将要变化的部分写在主程序，不变的部分作为子程序。

二、实训内容（曲面轮廓零件加工）

1. 零件图

如图 3-21 所示，毛坯尺寸 74×74×40 的方料，工件材料 45 钢，要求制订正确的工艺方案（定位夹紧，选择刀具，切削参数，工艺路线），可以用手工几何计算或计算机绘图软件计算工件编程所需的坐标，并编写加工程序和实际加工过程。

2. 工艺分析

工件毛坯装夹在这里不再赘述。

（1）程序零点设定如图 3-22 所示，程序零点可以不设在工件上（虚拟零点）。

（2）工序。

工序1：粗加工（$\phi16$ 球头铣刀）加工上表面，如图 3-23 所示。图中为粗加工工序中刀具在 Y 方向的每刀步进，数值 ΔL 越小，则加工曲面的粗糙度越好。

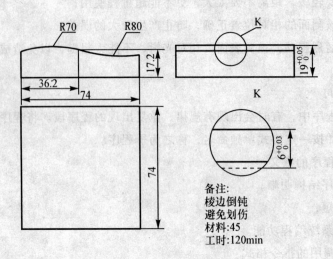

图 3-21 零件加工图

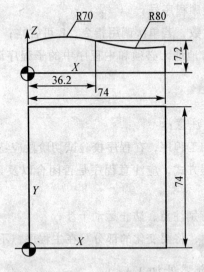

图 3-22 设定程序零点

工序 2：用 φ8 硬质合金球头铣刀精加工。由于使用硬质合金刀具，所以切削速度可以提高很多，切削深度应当减小，主轴转速可大大提高，进给速度可适当减小，粗精加工可以使用同一个程序，但在精加工中步进 Y 应减小，数值 ΔL 依据表面粗糙度的要求而定。

（3）测量。

曲面深度测量不宜直接测量，可以借助杠杆百分表，高度差可从不同位置的百分表读数得到，如图 3-24 所示。

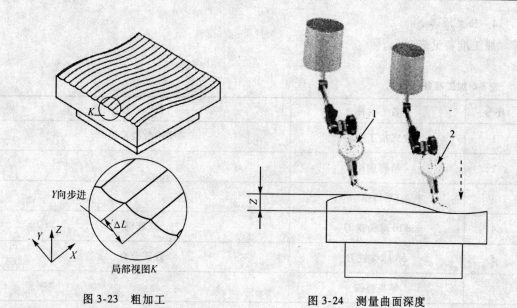

图 3-23 粗加工　　　　图 3-24 测量曲面深度

3. 参考程序单

曲面粗加工程序见表 3-5。

表 3-5　　　　曲面粗加工程序

程　序	注　释
O3002	程序号
T01	换 1 号刀，φ16 球头铣刀
G90G54G00X0Y0	
Z150	初始高度
M3S2000	主轴启动
M08	冷却液开
Y-37.42Y0	刀具运动到下刀点
G1Z64F60	下刀
M98P0011L13	调用 O0011 子程序 13 次
G0Z150	抬刀
M5	主轴停止
M9	冷却液关闭
M30	主程序结束
O0011	子程序
G91G1Y5	Y+方向步进
G90G18G3X19.6Z71.2R70	G18 平面内圆弧加工
G2X72.397Z74R80	
G91Y5	Y+方向步进
G90G18G3X19.6Z71.2R80	
G2X-37.42Z64R70	
M99	子程序结束

4. 加工准备

加工准备见表3-6。

表3-6 加工准备

序号	名　称	备　注
1	立式加工中心	华中数控系统
2	精密虎钳	
3	平口钳	
4	φ16 球头铣刀	高速钢
5	φ8 球头铣刀	硬质合金
6	等高垫铁	
7	百分表	
8	内径千分尺	
9	游标卡尺	
10	工件毛坯	74×74×40 棒料，45 钢

5. 机床操作

①启动机床，回参考点；
②输入程序并检查校验；
③安装工装夹具；
平口钳需用百分表找正，螺栓先不拧紧，机床在手动状态下，移动工作台，找正平口钳，然后拧紧螺栓，再校核一次百分表。
④装夹工件；
⑤装刀，对刀，输入相关数据；
⑥首件试切加工，检验。

三、强化训练

如图 3-25 所示零件，要求在数控铣床上加工，技术要求见图旁文字。

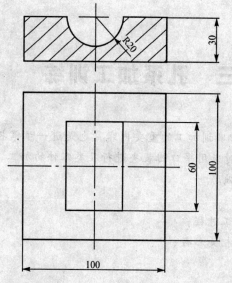

图 3-25

技术要求:
1. 未注圆角R2
2. 型腔表面粗糙度不大于 3.2
3. 未注倒角C1

实训任务三 孔系加工训练

【学习背景】孔系加工是加工中心实训加工的重要内容，也是进一步掌握各种复杂箱体、腔体加工的基础。本项目主要针对采用平口钳装夹进行孔类零件的加工，并保证定位和加工精度，为其他零件加工打下基础。

【实训目标】
(1) 掌握孔系加工零件的数控加工过程；
(2) 能合理选择孔加工的刀具及相关参数；
(3) 能正确安装工件与刀具；
(4) 能正确运用孔加工编程指令。

一、实训知识准备

1. 固定循环的组成

一般固定循环由下面6个动作构成：
动作1：X、Y轴定位
动作2：到R点前的快速进给
动作3：孔加工
动作4：孔底动作
动作5：退回到R点
动作6：快速回到初始点

固定循环一般在XY平面内，加工的孔在Z轴方向上。

2. 固定循环的指定

固定循环的动作由三种方式指定，每一个都用模态G代码指定：
(1) 数据形式：G90：绝对坐标；G91：增量坐标。
(2) 返回点平面：G98：初始平面；G99：R点平面。
在返回操作中，刀具是返回R点还是返回初始点，用G99和G98来区别。
(3) 孔加工方式：G73~G86固定循环中孔加工数据的程序段式为：
G__ X__ Y__ Z__ R__ Q__ P__ F__

3. 固定循环加工类指令

(1) G81：钻孔循环指令。
书写格式：G81 X__ Y__ Z__ R__ F__
说明：此指令中，刀具半径补偿G41、G42指令无效，刀具长度补偿G43、G44指令有效。

(2) G82：沉孔的钻孔循环指令。

书写格式：G82　X__Y__Z__R__F__P__

说明：

① 孔的加工动作同 G81 指令，区别在于在孔的底部增加了"暂停"时间；

② 此功能适用于锪孔或镗削阶梯孔。

(3) G73：高速深孔钻孔循环指令。

书写格式：G73　X__Y__Z__R__Q__F__

说明：

① 孔的加工动作分多次工作进给，每次进给的深度由 Q 指定，并且每次工作进给后都快速退回一段距离 d；

② 此种方法，通过 Z 轴的间断进给，可比较容易地实现断屑和排屑。

(4) G83：深孔啄钻循环指令。

书写格式：G83　X__Y__Z__R__Q__F__

说明：适用于深孔加工；与 G73 不同是每次刀具间歇进给后退至 R 点，可把切屑带出孔外，以免切屑将钻槽塞满而增加钻削阻力。当重复进给时，刀具快速下降，到达 d 规定距离时，转为切削进给。

(5) G85：铰孔循环指令。

书写格式：G85　X__Y__Z__R__F__

说明：

① 注意在返回行程中，从 Z→R 为切削进给，以保证孔的加工表面光滑；

② 此指令适用于铰孔。

(6) G86：镗孔循环指令。

书写格式：G86　X__Y__Z__R__F__

说明：

① 格式与 G81 类似，区别在于钻削加工到达孔的底部后，主轴停止，返回到 R 点或起始点后主轴再启动；

② 采用此方式进行加工，如果连续加工的孔距较小，可能出现刀具已经定位到下一个孔的加工位置，而主轴尚未达到规定的转速，为此可以在各孔动作之间增加暂停指令 G04，以使主轴获得规定的转速；

③ 此指令适用于一般孔的镗削加工。

(7) G76：精镗孔循环指令。

书写格式：G76　X__Y__Z__R__Q__P__F__

说明：Q 表示刀具移动量，此种方式镗孔可保证退刀时不划伤内孔表面。

(8) G74：攻左螺纹循环指令。

书写格式：G74　X__Y__Z__R__F__

说明：用于攻左螺纹，需要先使主轴反转，再执行 G74 指令。

攻螺纹进给速度为：v_f = 螺距导程 P × 主轴转速 n　　v_f 单位为 mm/min

(9) G84：攻右螺纹循环指令。

书写格式：G84　X__Y__Z__R__F__

说明：攻螺纹循环指令执行中，操作面板上的进给倍率开关无效。

(10) G80：取消循环指令。

书写格式：G80

说明：当固定循环指令不再使用时，应用 G80 取消固定循环，恢复到一般基本指令状态。此时，固定循环中的加工数据也同时被取消。

二、实训内容（孔系零件的加工）

1. 零件图（加工任务）

如图 3-26 所示，凸台毛坯尺寸 $100 \times 100 \times 40$，工件材料 45 钢，要求制订正确的工艺方案（定位夹紧，选择刀具，切削参数，工艺路线），可以用手工几何计算或计算机绘图软件计算工件编程所需的坐标，并编写加工程序和实际加工过程。

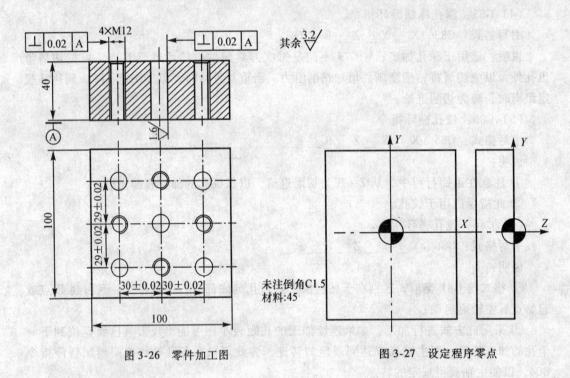

图 3-26　零件加工图　　　　　图 3-27　设定程序零点

2. 工艺分析

（1）通过读图发现工件的毛坯形状规则，可以直接选用平口钳装夹。

（2）工件的形状简单，主要是孔的加工，必须保证定位和加工精度。

（3）加工要保证 X、Y 轴零点找正，平口钳找正也非常重要，程序零点设定在工件上表面中心，如图 3-27 所示。

（4）工序：

工序 1：以中心钻头（φ2.5）定位各孔中心；

工序 2：以 φ2.5 钻头加工底孔；

工序 3：以 φ10.3 钻头扩攻丝底孔；

攻丝加工过程中由于丝锥容易折断，所以在加工过程中应在主轴转速 n、进给速度 f 及加工工艺方面慎重考虑。

① 根据不同的工件材料,切削速度 v 合理选取。

钢材:1.5~5m/min

铸铁:2.5~6m/min

铝材:5~15m/min

② 确定攻丝的底孔。根据公称直径 D 为 12,螺距 P 为 1.75,丝锥的底孔直径为

$$d' = D - P$$

式中:D——公称直径

P——螺距

出于容屑的考虑,底孔最好略大于计算值 d'。

工序 4:以 φ11.8 钻头扩 φ12 底孔;

工序 5:攻丝前倒角 C1.5;

工序 6:以 M12 丝锥攻丝;

工序 7:以 φ12 铰刀铰孔。

3. 参考程序单

参考程序单见表 3-7。

表 3-7 参考程序单

程　　序	注　　释
O3003	程序号
T01 M6	换 1 号刀,φ2.5 中心钻
G90G54G00X0Y0	
G00G43Z100H01	长度补偿
M3S1000	主轴启动
M08	冷却液开
G0Z30	初始高度
G98G81X30Y-29Z-0.5R5F100	G81 打中心孔
X0	
X-30	
Y0	
X0	
X30	
Y29	
X0	
X-30	
G80	孔加工循环取消
G49G00Z100	取消长度补偿

续表

程　　序	注　释
M5	主轴停止
M09	冷却液关闭
M00	程序暂停
钻底孔	
T02M06	φ6麻花钻
G90G54G00X0Y0	
G0G43Z100H02	长度补偿
M3S900	主轴启动
M08	冷却液开
G00Z30	初始高度
G98G83X30Y-29Z-42Q-1.5R5F70	G83钻底孔
X0	
X-30	
Y0	
X0	
X30	
Y29	
X0	
X-30	
G80	孔加工循环取消
G49G00Z100	取消长度补偿
M5	主轴停止
M09	冷却液关闭
M00	程序暂停
扩攻丝底孔	
T03M06	φ10.3麻花钻
G90G54G00X0Y0	
G00G43Z100H03	长度补偿
M3S600	主轴启动
M8	冷却液开
G00Z30	初始高度

续表

程　序	注　释
G98G83X-30Y0Z-42Q-2R5F80	G83 钻底孔
X0Y29	
X30Y0	
X0Y-29	
G80	孔加工循环取消
G49G00Z100	取消长度补偿
M5	主轴停止
M9	冷却液关闭
M00	程序暂停
扩孔	
T04M06	φ11.8 麻花钻
G90G54G00X0Y0	
G00G43Z100H04	长度补偿
M03S500	主轴启动
M08	冷却液开
G00Z30	初始高度
G98G83X-30Y-29Z-42Q-2R5F80	G83 钻底孔
Y29	
X30	
Y-29	
X0Y0	
G80	孔加工循环取消
G49Z0Z100	取消长度补偿
M5	主轴停止
M9	冷却液关闭
M00	程序暂停
倒角	
T05M06	45°倒角钻头
G90G54G00X0Y0	
G00G43Z100H05	长度补偿
M03S500	主轴启动

续表

程　　序	注　　释
M08	冷却液开
G00Z30	初始高度
G98G81X-30Y0Z-1.5R5F80	G81 倒角
X0Y29	
X30Y0	
X0Y-29	
G80	孔加工循环取消
G49G00Z100	取消长度补偿
M5	主轴停止
M09	冷却液关闭
M00	程序暂停
攻丝	
T06M06	M12 丝锥
G90G54G00X0Y0	
G00G43Z100H06	长度补偿
M03S150	主轴启动
M08	冷却液开
G00Z30	初始高度
G98G84X-30Y0Z-42R5F30	G84 攻丝
X0Y29	
X30Y0	
X0Y-29	
G80	孔加工循环取消
G49G00Z100	取消长度补偿
M5	主轴停止
M09	冷却液关闭
M00	程序暂停
铰孔	
T07M06	φ12H7 铰刀
G90G54G00X0Y0	
G00G43Z100H07	长度补偿

续表

程　　序	注　　释
M03S200	主轴启动
M08	冷却液开
G00Z30	初始高度
G98G81X-30Y-29Z-42R5F30	G81铰孔
Y29	
X30	
Y-29	
X0Y0	
G80	孔加工循环取消
G49Z0Z100	取消长度补偿
M5	主轴停止
M9	冷却液关闭
M30	程序结束

4. 机床操作

(1) 启动机床，回参考点；

(2) 输入程序并检查校验；

(3) 安装平口钳，需用百分表找正；

(4) 装夹工件；

加工该零件时，工件的各个表面已经加工完毕，以工件的底面为定位基准，所以装夹时必须保证底面与工作台表面平行，底面与定位块贴实，也就是说当工件安装完毕后用木槌将工件上表面敲实，然后用百分表在工件表面沿 X、Y 方向分别移动，当表针显示平面上各点误差在 0.01mm 内即可，如果超差，则用木槌轻轻击打高点，直到符合要求为止。此过程需要耐心细致，否则孔的形位公差很难保证。

(5) 装刀，对刀，输入相关数据；

由于使用刀具较多，所以装刀时一定要注意实际刀位号和程序中相符，不可装错位置；装刀时不要划伤工件表面，相关数据正确对应输入。

(6) 首件试切加工。

三、强化训练

(1) 毛坯尺寸 100×100×40 方料，工件材料 45 钢，如图 3-28 所示。

(2) 毛坯尺寸 108×74×30 方料，工件材料 45 钢，如图 3-29 所示。

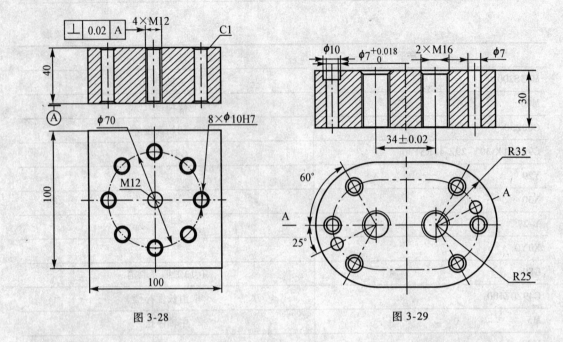

图 3-28　　　　　　　　　　　图 3-29

实训任务四 综合加工训练

【学习背景】具有批量加工特点的综合性零件的加工涉及常用夹具（如压板、虎钳、平口钳和三爪卡盘等）的使用、工艺路线的安排和工序的划分、切削用量的合理选择及程序编制和机床加工操作，可以综合检验数控技术人员的综合实际应用能力。

【实训目标】
(1) 掌握零件的装夹和定位；
(2) 能合理选择刀具及相关参数；
(3) 能正确安装工件与刀具；
(4) 能合理设计加工路线和进退刀路线。

一、加工任务

1. 零件图

如图 3-30 所示，毛坯尺寸 $\phi 90 \times 40$ 的棒料，工件材料 45 钢，要求制订正确的工艺方案（定位夹紧、选择刀具、切削参数、工艺路线），可以用手工几何计算或计算机绘图软件计算工件编程所需的坐标，并编写加工程序和实际加工过程。

参考点坐标：1（30.156，12.118）、2（30.747，18.099）、3（16.478，31.654）、4（10.536，30.745）。

2. 工艺分析

该工件为二维加工，加工内容较多，采用加工中心加工可有效提高加工效率。

(1) 通过读图，发现工件的毛坯形状不规则，一次装夹无法完成，毛坯呈圆盘状，工件底面为定位基准，上下底面有平行度要求，为保证加工精度和效率，采用三爪卡盘和工艺辅助板（一面两销进行定位）的组合装夹方式。

(2) 工件的形状简单，要保证定位和加工精度，首先要保证工装夹具的制造和安装。

(3) 程序零点设定在工件上表面中心，如图 3-31 所示。

(4) 工序：

工序 1：用 $\phi 100$ 面铣刀加工上表面，如图 3-32 所示；

工序 2：用 $\phi 100$ 面铣刀加工下表面；

工序 3：加工中心孔 $\phi 12$；

工序 4：加工工件中心沉孔 $\phi 20$，如图 3-33 所示；

工序 5：加工四个 $\phi 10$ 孔，其中两个用于圆锥销定位；

工序 6：加工工艺辅助板（$100 \times 100 \times 40$），保证平面度，中心 M12 螺纹孔用于缩进工件，其余两个定位销孔需要铰削，然后用于定位，如图 3-34 和图 3-35 所示；

工序 7：以工艺辅助板装夹定位，加工工件内外轮廓，如图 3-36 和图 3-37 所示，外轮廓进退刀路线如图3-38所示。

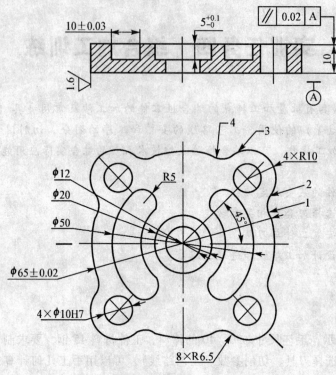

图3-30 零件加工图

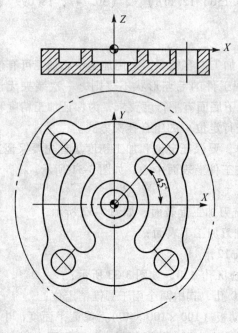

图3-31 设定程序零点

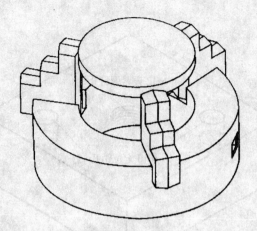

图 3-32

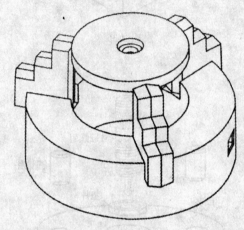

图 3-33

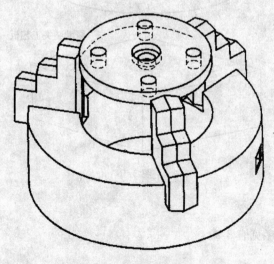

图 3-34

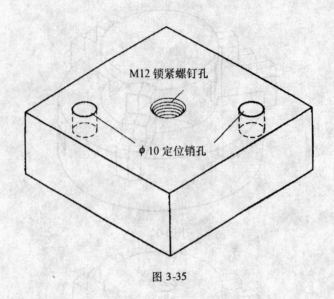

图 3-35

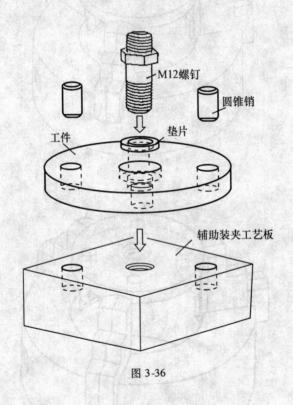

图 3-36

3. 参考程序单

外轮廓精加工程序见表 3-8。

第三篇 数控铣床、加工中心实训项目 *113*

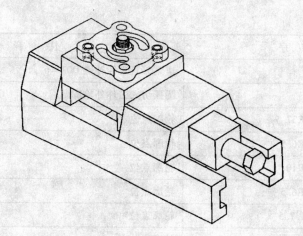

图 3-37

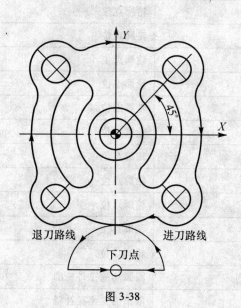

图 3-38

表 3-8 外轮廓精加工程序

程 序	注 释
O3004	程序号
T07 M6	换 7 号刀，φ12 高速钢立铣刀
G90G54G00X0Y0Z150	
G00G43Z100H07	长度补偿
M3S800	主轴启动
M08	冷却液开
G0Z10	初始高度
Y-57.5	刀具运动到下刀点
G1Z-10F60	下刀到指定深度

续表

程　序	注　释
G1G41X20D07F100	建立刀具半径补偿 D07 = 6
G3X0Y-37.5R20	圆弧切入工件外轮廓
G2X-10.536Y-30.747R37.5	轮廓点位
G3X-16.478Y-31.654R6.5	轮廓点位
G2X-30.747Y-18.099R10	轮廓点位
G3X-30.156Y-12.118R6.5	轮廓点位
G2X-30.156Y12.118R37.5	轮廓点位
G3X-30.747Y18.099R6.5	轮廓点位
G2X-16.478Y31.654R10	轮廓点位
G3X-10.536Y30.745R6.5	轮廓点位
G2X10.536Y30.745R37.5	轮廓点位
G3X16.478Y31.654R6.5	轮廓点位
G2X30.747Y18.099R10	轮廓点位
G3X30.156Y12.118R6.5	轮廓点位
G2X30.156Y-12.118R37.5	轮廓点位
G3X30.747Y-18.099R6.5	轮廓点位
G2X16.478Y-31.654R10	轮廓点位
G3X10.536Y-30.745R6.5	轮廓点位
G2X0Y-37.5R37.5	轮廓点位
G3X-20Y-57.5R20	圆弧切除工件轮廓
G1G40X0Y-57.5	取消刀具半径补偿
M9	冷却液关闭
G1Z10F500	抬刀
M5	主轴停止
G49G0Z150	取消长度补偿
X0Y0	回到起始点
M30	程序结束

4. 机床操作

（1）加工准备如表 3-9 所示。

表 3-9　　　　　　　　　　加工准备

序号	名　　称	备　　注
1	立式加工中心	华中数控系统
2	精密虎钳	
3	三爪卡盘	车床用三爪卡盘可替代
4	压板	2套（安装三爪卡盘用）
5	φ100 面铣刀	硬质合金刀片
6	φ16 端铣刀	高速钢
7	φ12 立铣刀	高速钢
8	中心钻 φ2.5	含钻夹头
9	直柄麻花钻 φ6	含钻夹头
10	直柄麻花钻 φ8	含钻夹头
11	直柄麻花钻 φ12	含钻夹头
12	铰刀 φ10	含钻夹头
13	M12 丝锥	高速钢
14	M12 螺栓、螺母（垫片）	
15	内径千分尺	
16	游标卡尺	
17	材料 HT100	工艺辅助板用
18	工件毛坯	φ90×12 棒料，45 钢

（2）操作过程中应重点注意：

①三爪卡盘定位毛坯时，如夹持力不够，可在毛坯下面加一对垫块，位置需避开孔的位置，防止加工过程中刀具与垫块干涉；

②工艺辅助板（一面两销定位）的加工和安装；

③孔径的测量；

④数控机床属于精密设备，未经允许严禁进行尝试性操作，观察操作时必须站在安全位置，并关闭防护挡板；

⑤工件必须装夹稳固可靠；

⑥加工过程中禁止打开机床防护门。

二、强化训练

（1）毛坯尺寸 φ150 厚度 12mm 的棒料，工件材料 45 钢，如图 3-39 所示。

①完成工艺分析并填写表 3-10；

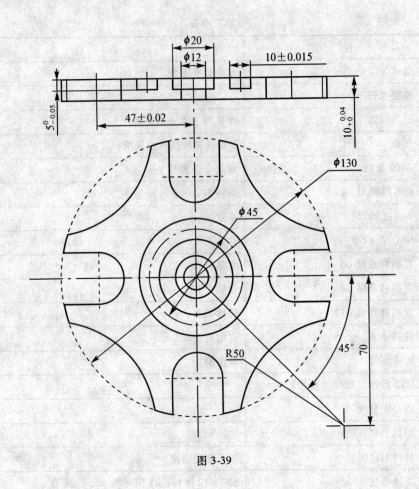

图 3-39

表 3-10　　　　　　　　　　　　　工艺分析

序号	工序	刀号	刀具规格	长度补偿	半径补偿	转速 n（r/min）	进给速度 f（mm/min）	备注
1								
2								
3								
4								
5								
6								
7								

②记录机床的操作加工过程。

(2) 毛坯尺寸 115×115×25 方料，工件材料 45 钢，如图 3-40 所示。

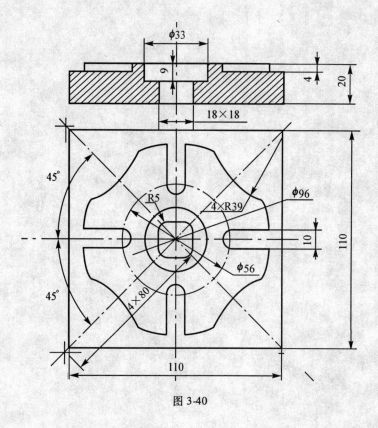

图 3-40

第四篇

宏程序编程实训项目

本篇以 FanucOI 系统为例，回顾宏程序的变量、表达式、语句以及宏程序调用的方法，并通过一个实例，详述宏程序的编程、工艺分析、机床操作与加工过程。

实训任务一　数控车床宏变量应用训练

【学习背景】在一般数控车床的数控系统中，只有直线插补和圆弧插补功能，在这些数控车床上加工非圆曲线，手工编程可采用宏变量编程。对于某些形状相似，尺寸不同的零件，也可采用变量编程。

【实训目标】
(1) 了解宏变量的基本概念；
(2) 能使用宏变量编制简单非圆曲线的数控加工程序。

一、实训知识准备

1. 宏变量
(1) 宏变量的类型。

在零件图形为非圆的曲线时，显然不能用前面学过的指令编程。如图4-1所示，图形是一条抛物线。它的数学方程为 $z = x^2/8$。其中，x，z 为变量。

对于抛物线、椭圆、双曲线等非圆曲线，在数控编程中通常用宏程序来解决。在运用宏程序编程时，引用它的数学方程来计算刀具路径。类似地，用英文字母来表示变量，我们把它们叫做文字变量。

在编程中，往往是在坐标符号的后面加坐标值来给坐标变量赋值，如G01 X100.0Z50.0。而在宏程序中，坐标值（如100.0）是一个变量，必须用变量来表示，因此为了使用方便，还定义了数字序号变量，其表示方法为在阿拉伯数字前加"#"号，如#1，#2，#3 等。因此，在编程时如果要表示将#1 变量的值赋给 X 坐标，则可以写成 X#01的形式。

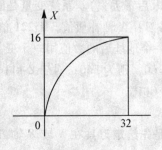

图 4-1

（2）文字变量与数字序号变量的关系。

文字变量通常用在宏程序调用时（见后面的"4 宏程序的调用"部分），数字序号变量则用在宏程序中，通过宏程序的调用，文字变量将其数值传递给数字序号变量。它们的关系见表4-1。

表4-1　　　　　　　　　　文字变量与数字序号变量的对应关系

文字变量	数字序号变量	文字变量	数字序号变量
A	#1	Q	#17
B	#2	R	#18
C	#3	S	#19
D	#7	T	#20
E	#8	U	#21
F	#9	V	#22
H	#11	W	#23
I	#4	X	#24
J	#5	Y	#25
K	#6	Z	#26
M	#13		

①文字变量为除 G、L、N、O、P 以外的英文字母，一般可不按字母顺序排列，但 I、J、K 需要按字母顺序指定。

②数字序号变量分为局部变量、公共变量和系统变量。局部变量是在宏程序中局部使用的变量，断电后清空，调用宏程序时代入变量值，包括#1~#33。公共变量是各用户宏程序内公用的变量，包括#100~#144，#500~#531。其中，#100~#144 断电后清空，#500~#531 为保持型变量（断电后不丢失）。系统变量是固定用途的变量，其值取决于系统的状态。例：#2001 值为1号刀补 X 轴补偿值，#5221 值为 X 轴 G54 工件原点偏置值。

③变量的引用。将跟随在一个地址后的数值用一个变量来代替，即引入了变量。

例：对于 F#103，若#103 = 60，则为 F60；对于 Z-#110，若#110 = 100，则 Z 为 -100；对于 G#130，若#130 = 1，则为 G01。

2. 表达式

在宏程序的编程中，通常是先给定刀具在 X 或 Z 轴方向的坐标值，根据曲线的数学方程（如图 4-1 中的抛物线方程为 $z = x^2/8$），计算出另一坐标轴方向的坐标值。而在编程中，X、Z 坐标分别用数字序号变量来代替。这就要用到表达式。

(1) 运算符。

算术运算符

+，-，×，÷

条件运算符

EQ（=），NE（≠），GT（>），GE（≥），LT（<），LE（≤）

逻辑运算符

AND，OR，NOT

函数

SIN（正弦），COS（余弦），TAN（正切），ATAN（反正切），ABS（绝对值），INT（取整），SIGN（取符号），SQRT（开方），EXP（指数）

(2) 表达式。

用运算符连接起来的常量、宏变量构成的式子叫做表达式。

如果用#1 表示 X 坐标变量，#2 表示 Z 坐标变量，则图 4-1 的抛物线可写成式：#1 × #1 ÷ 8。

表达式中括号的运算将优先进行。连同函数中使用的括号在内，括号在表达式中最多可用 5 层。

表达式的运算顺序是：先括号里再括号外、函数运算、乘除运算、加减运算。

3. 语句

(1) 赋值语句。把常数或表达式的值送给一个宏变量称为赋值。

格式：宏变量 = 常数或表达式

图 4-1 抛物线轨迹可写成 #2 = #1 × #1 ÷ 8。

(2) 控制语句。刀具在走曲线时，是根据插补的原理，将曲线分割成许多段，根据曲线方程计算每一插补点的坐标值，从曲线起点运动到终点，因此必须重复运用曲线方程，这就要用到控制语句。

(3) 条件判断语句。

格式：IF［条件表达式］GOTO n

①如果条件表达式的条件得以满足，则转而执行程序中程序号为 n 的相应操作，程序段号 n 可以由变量或表达式替代；

②如果表达式中条件未满足，则顺序执行下一段程序；

③如果程序作无条件转移，则条件部分可以被省略。

(4) 循环语句（While DO-END 语句）。

格式：WHILE［条件表达式］DO m（m = 1，2，3）

　　　　语句体

　　　END m

说明：

①条件表达式满足时，执行程序段 DO m 至 END m 间语句体，之后再重新计算条件表达式；

②条件表达式不满足时，程序转到 END m 后处执行；

③如果 WHILE［条件表达式］部分被省略，则程序段 DO m 至 END m 之间的语句将

一直重复执行。

注意:

①WHILE DO m 和 END m 必须成对使用;

②DO 语句允许有 3 层嵌套,即:

DO 1

DO 2

DO 3

END 3

END 2

END 1

③DO 语句范围不允许交叉,即如下语句是错误的:

DO 1

DO 2

END 1

END 2

WHILE [#10 LE 16] DO 1;
G90 G01 X [#10] Z [#11] F100;
#10 = #10 + 0.08;
#11 = #10 * #10/8;
END 1;

(5) 宏程序的编写格式。

宏程序的编写格式与子程序相同。

O ~ (0001 ~ 8999 为宏程序号)

N10 指令

……

N ~ M99

(6) 宏程序简单的调用格式。

指令格式:G65 P(宏程序号) L(重复次数)(变量分配)

式中:G65:宏程序调用指令;

　　P(宏程序号):被调用的宏程序代号;

　　L(重复次数):宏程序重复运行的次数,重复次数为 1 时,可省略不写;

　　(变量分配):宏程序中使用的变量赋值。

宏程序与子程序相同的一点是,一个宏程序可被另一个宏程序调用,最多可调用 4 重。

二、加工任务

1. 零件图

如图 4-2 所示,毛坯尺寸为 45mm × 110mm,工件材料为 45 号钢,生产数量为小批量生产，试编制零件的加工程序并加工。

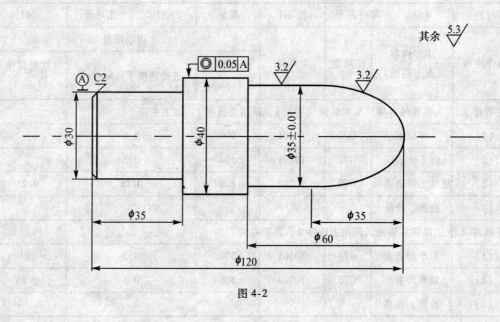

图 4-2

2．工艺分析

先加工左端：平端面，取轴向长度为 120mm。然后车外圆 φ30，到 35mm 处。调头，装夹已加工的这一端。

（1）装夹工件。以 φ30 外圆及右端中心孔为工艺基准，用三爪自定心卡盘夹持 φ30 外圆。

（2）工步顺序。自右向左进行外轮廓面加工：先粗加工（留 0.25mm 的加工余量），后精加工。

（3）选择刀具：

①选用 φ5 中心孔钻钻削中心孔；

②粗车外圆和端面选用 90°硬质合金外圆刀，刀尖圆弧半径为 1.5mm；

③精车选用 90°硬质合金外圆刀，刀尖圆弧半径为 0.5mm；

④正确选择换刀点，以避免换刀时刀具与机床、工件及夹具发生碰撞。该加工程序换刀点选为（100，100）点。

（4）确定切削用量：

①粗车深度为 2mm，并留 0.25mm 的精加工余量；

②粗车外圆时主轴转速为 500r/min，进给速度为 0.3mm/r；

③精车外圆时主轴转速为 800r/min，进给速度为 0.15mm/r。

3．工序单

工序单见表 4-2。

表 4-2　　　　　　　　　　　工序和操作清单

材料	45#	零件图号	图 4-1	系统	FANUC	工序号	041
操作序号	工步内容（走刀路线）	G 功能	T 刀具	切削用量			
				转速 S（r/min）	进给速度 F（mm/r）	切削深度（mm）	
主程序 1	夹住棒料右端，车左端面（手动），调用主程序 1，加工左端						
（1）	车端面	G01	T0101	500	0.3		
（2）	粗车外表面	G71	T0101	500	0.3	2	
（3）	精加工外圆表面	G70	T0202	800	0.15	0.25	
（4）	检测、校核						
主程序 2	工件调头装夹，调用主程序 2，加工右端						
（1）	粗车外表面	G71	T0101	500	0.3	2	
（2）	精车外表面	G70	T0202	800	0.3	0.25	
（3）	检测、校核						

4. 参考编程

参考编程见表 4-3。

表 4-3　　　　　　　　　　　参考编程

程　　序	说　　明
主程序 1	加工左端面
O0041	程序名
N20 M03 S500	主轴正转
N30 T0101	换一号刀
N40 G00 X60.0 Z10.0	快速定位到工件附近
N50 G01 X48.0 Z2.0 F0.3	以 0.3mm/r 的进给速度靠近工件
N60 G71 U2.0 R1.0	
N70 G71 P80 Q110 U0.25	
N80 G01 X26.0 Z0.0 F0.15	采用复合循环粗加工外圆，X 方向留精加工余量 0.25mm
N90 X30.0 Z-2.0	
N100 Z-35.0	
N110 X40.0	
N120 G00 X100.0 Z100.0	返回换刀点
N130 M00	停主轴
N140 T0100	取消一号刀补

续表

程　序	说　明
N150 T0202	换二号刀
N160 M03 S800	主轴正转
N170 G00 X60.0 Z10.0	快速定位到工件附近
N180 G01 X48.0 Z2.0	以 0.3mm/r 的进给速度靠近工件
N190 G70 P80 Q110	精加工外圆
N200 G00 X100.0 Z100.0	返回换刀点
N210 M05 T0200	主轴停转，取消二号刀补
N220 M30	程序结束
主程序 2	加工右端
O0042	程序名
N10 M03 S500	主轴正转
N20 T0101	换一号刀
N30 G00 X60.0 Z10.0	快速定位到工件附近
N40 G01 X48.0 Z2.0 F0.3	以 0.3mm/r 的进给速度靠近工件
N50 G71 U2.0 R1.0	复合循环粗加工
N60 G71 P80 Q180 U0.25	
N80 #10 = 0.0	X 轴初始值
N90 #20 = 0.0	Z 轴初始值
N110 WHILE [#10 LE 35] DO 1	
N120 #20 = 1.0 − (#10/2.0) * (#10/2.0)/(17.5 * 17.5)	
N130 #20 = SQRT (#20) − 35.0	宏程序加工椭圆，椭圆方程是：$X^2/17.5^2 + (Y+35)^2/35^2 = 1$
N130 G01 G42 X [#10] Z [#20] F0.15	
N140 #10 = #10 + 0.08	
N150 END 1	
N160 G01 Z-60.0	从椭圆终点加工到点 (40, −95)
N170 X40.0	
N180 G40 Z-85.0	
N190 G00 X100.0 Z100.0	返回换刀点
N200 M00	停主轴
N210 T0100	取消一号刀补
N220 T0202	换二号刀

续表

程　序	说　明
N230 M03 S800	主轴正转
N240 G00 X60.0 Z10.0	快速定位到工件附近
N250 G01 X48.0 Z2.0	以0.3mm/r的进给速度靠近工件
N260 G70 P80 Q180	精加工外圆
N270 G00 X100.0 Z100.0	返回换刀点
N280 M05 T0200	主轴停转，取消二号刀补
N290 M30	程序结束

5. 机床操作

现以 Fanuc OI 系统为例进行说明。

（1）启动车床。

打开电源，按下启动按钮，按 ⌖ 键，将 X，Z 轴归零。

（2）车削左端面。

按 ⌖ 键使主轴正转，按 ⌖ 键，进入手轮操作方式。摇动手轮旋钮，使刀具靠近工件，试切端面一刀，在数控系统面板中按 POS 键，屏幕显示当前坐标值。在显示窗口下部按"相对"软键，显示当前相对坐标。将 Z 轴的相对坐标清零。保持 Z 轴不动，沿 X 轴退出刀具，主轴停转，量取工件轴向长度。测量出的长度 –120mm 等于刀具沿 Z 轴切削的长度。进行切削。在这个过程中应注意调整手轮移动量与快速移动倍率波段旋钮。

（3）试切对刀。

Z 轴不动，在数控系统面板上将 OFSET SET 连按两下，进入刀具补偿参数表，光标停留在一号刀补上，输入"Z0.0"，按"测量"软键，建立工件坐标系的 Z 坐标。试切外圆一刀，如上方式建立工件坐标系的 X 坐标。输入刀尖圆弧半径。

二号刀补可用同样方式建立。

（4）输入主程序1，并加工左端。

按 ⌖ 键，进入编辑模式，输入主程序1。按 ⌖ 键，进入试运行模式，按程序启动按钮 ⌖，进行试加工。没有错误后，按 ⌖ 进入"自动循环"模式，运行程序加工左端。

测量已加工部分尺寸，检验合格后取下工件，掉头装夹。

（5）加工工件右端。

在手轮方式下进行对刀，X 轴试切外圆对刀，Z 轴慢慢将刀尖碰到端面即可。将其坐标值与刀尖半径填入到刀补表中。

在"编辑"模式下输入主程序 2,并检查程序后试运行,确认无误后运行程序进行加工。检验是否合格。

6. 其他数控系统编程提示

华中数控系统的控制语句与 Fanuc 系统略有不同,基本格式如下:

(1) 条件判断语句。

格式(I):IF [条件表达式]
　　　　　　语句体 1
　　　　ELSE
　　　　　　语句体 2

格式(II):IF [条件表达式]
　　　　　　语句体
　　　　ENDIF

(2) 循环语句。

格式:WHILE 条件表达式
　　　　　语句体
　　　ENDW

三、强化训练

试编制如图 4-3、图 4-4、图 4-5 所示零件图的加工程序并加工,要求进行工艺分析并填写工艺卡片(毛坯为棒料)。

(1) 椭圆方程:

$$\frac{x^2}{9^2}+\frac{(z-14)^2}{14^2}=1$$

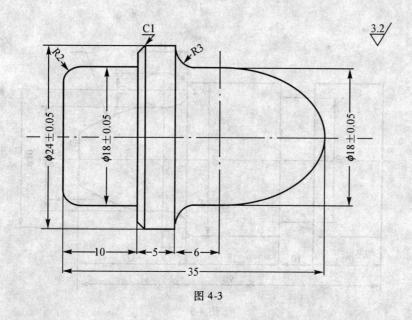

图 4-3

(2) 椭圆方程：

$$\frac{x^2}{12^2} + \frac{(z+21)^2}{24^2} = 1$$

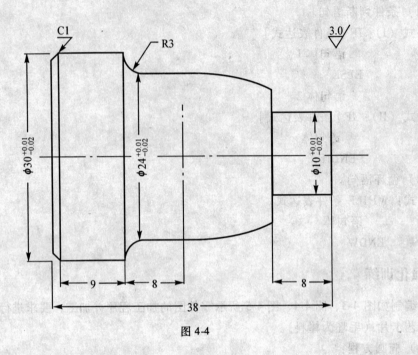

图 4-4

(3) 抛物线方程：

$$z = -\frac{1}{10}x^2$$

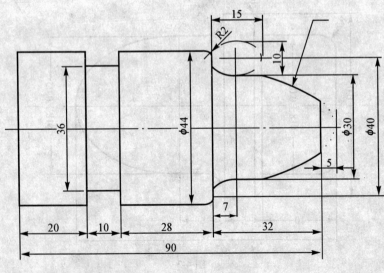

图 4-5

实训任务二 数控铣床宏程序应用训练

【学习背景】在数控铣床和数控铣削加工中心编程中，使用宏程序除可以加工非圆曲线轮廓外，还可以利用宏变量简化编程。

【实训目标】

（1）使用宏变量编制简单非圆曲线的数控加工程序；

（2）利用宏变量简化编程。

一、实训知识准备

1. 宏程序与普通程序的对比

宏程序与普通程序的对比见表4-4。

一般意义上所讲的数控指令其实是指 ISO 代码指令编程，即每个代码的功能是固定的，由系统生产厂家开发，使用者只需（只能）按照规定编程即可。但有时候这些指令满足不了用户的需要，系统因此提供了用户宏程序功能，用户可以对数控系统进行一定的功能扩展，实际上是数控系统对用户的开放，也可以视为用户利用数控系统提供的工具，在数控系统的平台上进行二次开发。

表4-4　　　　　　　　　　　用户宏程序与普通程序的对比

普通程序	宏程序
只能使用常量	可以使用变量，并给变量赋值
常量之间不可以运算	变量间可以运算
程序只能顺序执行，不能跳转	程序运行可以跳转

2. 宏程序非模态调用（G65）

当指定 G65 时，调用以地址 P 指定的用户宏程序，数据（自变量）能传递到用户宏程序中，指令格式如下：

G65 P $_{\langle P \rangle}$ L $_{\langle L \rangle}$ 〈自变量赋值〉

〈P〉：要调用的程序号

〈L〉：重复次数（默认值为1）

〈自变量赋值〉：传递到宏程序的数据

（1）调用说明。

①在用 G65 之后，用地址 P 指定用户程序的程序号；

②任何自变量前必须指定 G65；

③当要求重复时,在地址 L 后指定从 1~9999 的重复次数,省略 L 值时等于 1;
④使用;
⑤自变量指定(赋值),其值被赋给宏程序中相应的局部变量。

(2) 自变量指定(赋值)。

自变量指定又可称自变量赋值,即若要向用户宏程序本体传递数据时,需由自变量赋值来指定,其值可以有符号和小数点,且与地址无关。

这里使用的是局部变量(#1~#33 共有 33 个),与其对应的自变量赋值有自变量赋值 I 和自变量赋值 II,我们常用自变量赋值 I。如表 4-5 所示。

表 4-5　　　　　　　　　　　　　　自变量指定 I

地址	变量号	地址	变量号	地址	变量号
A	#1	M	#13	Y	#25
B	#2	—	#14	Z	#26
C	#3	—	#15		#27
I	#4	—	#16		#28
J	#5	Q	#17		#29
K	#6	R	#18		#30
D	#7	S	#19		#31
E	#8	T	#20		#32
F	#9	U	#21		#33
—	#10	V	#22		
H	#11	W	#23		
—	#12	X	#24		

注:①G、L、N、O 和 P 不能在自变量中使用;
②不需要指定的地址可以省略,对应于省略的地址局部变量设为空;
③地址不需要按字母顺序指定,应符合地址的格式,但 I、J、K 需要按地址顺序指定。如:B__A__D__…J__K__正确;但 B__A__D__…K__J__不正确;
④尽管只有 21 个英文字母可以给自变量赋值,但毫不夸张地说,95% 以上的编程工作再复杂也不会出现 21 个以上变量的情况;
⑤例:
G65 A1.0 B2.0 I−3.0 D5.0 P1100;
给宏程序中相应的局部变量赋值:
#1 = 1.0　#2 = 2.0　#3:无赋值　#4 = −3.0
#5:无赋值 #6:无赋值#7 = 5.0
P1100:调用程序号为 1100 的宏程序。

二、加工任务

(1) 铣削如图 4-6 所示的椭圆外轮廓。
椭圆的方程为:

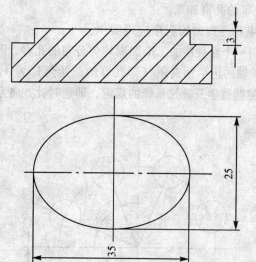

图 4-6 椭圆外轮廓加工

$$\frac{x^2}{17.5^2} + \frac{y^2}{12.5^2} = 1, \text{即} \quad x = 17.5\cos\theta \quad y = 12.5\sin\theta$$

程序如下：
O0601；   主程序
G54G17G90G40G49；
G00 X30.0Y0.0Z100. M03 S1200；
Z5.0；
G01 Z0.0F100；
M98 P1601 L3；   调用宏程序三次
G90 G00 Z100；
M30；

O1601；   宏程序
G91 G01 Z-1.0F100；   每次铣削1mm深
G41 G01X17.5 D01；
#1 = 0；   角度的初始值；
WHILE #1GE [-360]；
#2 = 17.5 * COS [#1]；   X值
#3 = 12.5 * SIN [#1]；   Y值
G01 X [#2] Y [#3]；
#1 = #1-2；
ENDW；
G90 G40G01X30；
M99；

（2）沿圆周均匀分布的孔群加工。

图 4-7 所示是一个堪称经典的宏程序应用实例。

如图 4-7 所示，编制一个宏程序加工沿圆周均匀分布的孔群。圆心坐标为 (X, Y)，圆半径为 r，第一个孔与 X 轴的正半轴夹角（即孔群的起始角）为 A，各孔间角度间隔为 B，孔数为 H，角度的方向遵循数学及数控系统的规定，即逆时针方向为正，顺时针方向为负。

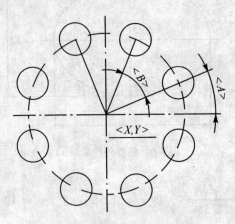

图 4-7 沿圆周均匀分布的孔群

假定圆心坐标为 (50, 20)，圆半径 $r = 20$，$A = 22.5°$，$B = 45°$，孔深 10，孔半径为铣刀半径，所编主程序与宏程序如下：

主程序：

O0215；

S1000 M03；

G54 G90 G00 X0.0Y0.0Z30.0；　　　　　　　　定位于 G54 原点上方

G65 P0216 X50.0Y20.0Z-10.0R1.0F200 A22.5　调用宏程序 O0216

B45. I20. H8；

M30；　　　　　　　　　　　　　　　　　　程序结束

自变量赋值说明（该说明只是方便读者理解程序中的变量，不必输入机床或仿真软件）：

#1 =	(A)	(#1 = 22.5°)	第一个孔的角度 A
#2 =	(B)	(#2 = 44.5°)	各孔间角度间隔 B（增量角）
#4 =	(I)	(#4 = 20)	圆周半径
#9 =	(F)	(#9 = 200)	切削进给速度
#11 =	(H)	(#11 = 8)	孔数
#18 =	(R)	(#18 = 1.0)	固定循环中快速趋近 R 点 Z 坐标
#24 =	(X)	(#24 = 50)	圆心 X 坐标值
#25 =	(Y)	(#25 = 20)	圆心 Y 坐标值

#26 =（Z）	（#26 = -10.）	孔深（系 Z 坐标值，非绝对值）

宏程序：

```
O0216;                          孔序号计数值置1（即从第一个孔开始）
#3 = 1;                         如果#3（孔序号）
WHIL [#3LE#11];                 如果#3（孔序号）≤#11（孔数H），则循环
```
1 继续
```
#5 = #1 + [#3 - 1] * #2;        第#3个孔中心对应的角度
#6 = #24 + #4 * COS [#5];       第#3个孔中心的X坐标值
#7 = #25 + #4 * SIN [#5];       第#3个孔中心的Y坐标值
G98 G81 X#6 Y#7 Z#26 R#18 F#9;  （G81方式）加工第#3个孔
#3 = #3 + 1;                    孔序号#3递增1
ENDW;                           循环1结束
G80;                            取消固定循环
M99;                            宏程序结束并返回
```

三、强化训练

采用手工编程加工如图 4-8 所示的零件，零件腰部形状标注尺寸为椭圆，材料为 45 钢。毛坯尺寸 100×100。

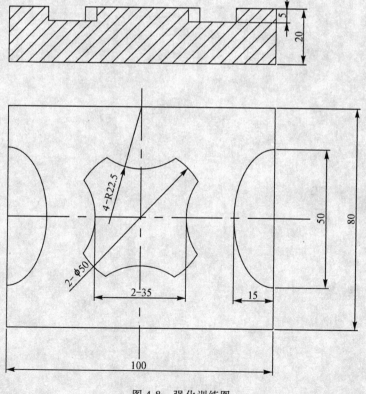

图 4-8 强化训练图

图书在版编目(CIP)数据

数控加工实训指导书/胡翔云,程洪涛主编.—武汉:武汉大学出版社,2009.1
高职高专"十一五"规划教材
ISBN 978-7-307-06844-5

Ⅰ.数… Ⅱ.①胡… ②程… Ⅲ.数控机床—加工工艺—高等学校:技术学校—教学参考资料 Ⅳ.TG659

中国版本图书馆 CIP 数据核字(2009)第 010312 号

责任编辑:任仕元　　责任校对:刘　欣　　版式设计:马　佳

出版发行:武汉大学出版社　　(430072　武昌　珞珈山)
（电子邮件:cbs22@whu.edu.cn　网址:www.wdp.com.cn）
印刷:安陆市鼎鑫印务有限责任公司
开本:787×1092　1/16　印张:9　字数:210 千字　插页:2
版次:2009 年 1 月第 1 版　　2011 年 7 月第 2 次印刷
ISBN 978-7-307-06844-5/TG·2　　定价:18.00 元

版权所有,不得翻印;凡购买我社的图书,如有质量问题,请与当地图书销售部门联系调换。

高职高专"十一五"规划教材
GAOZHI GAOZHUAN "SHIYIWU" GUIHUA JIAOCAI

机电专业教材书目

1. 模具制造工艺
2. 冲压模具设计指导书
3. 冲压工艺及模具设计与制造
4. 数控仿真培训教程
5. 机械制图与应用
6. 机械制图与应用题集
7. 单片机入门实践
8. 现代数控加工设备
9. PLC应用技术
10. 可编程控制器应用技术
11. 数控编程
12. UG软件应用
13. 塑料模具设计基础
14. 数控加工工艺
15. 数控加工实训指导书
16. 机电与数控专业英语
17. 传感器与检测技术
18. 机械技术基础